高等职业院校
新形态通识教育系列教材

职业素质教育

能力培养 拓展训练 职业规划

·微课版·

杨静 ◎ 主编

李少华　王春芳　时倩如　刘菁雯 ◎ 副主编

人民邮电出版社

北　京

图书在版编目（CIP）数据

职业素质教育：能力培养 拓展训练 职业规划：微课版 / 杨静主编. -- 北京 ：人民邮电出版社，2025. （高等职业院校新形态通识教育系列教材）. -- ISBN 978-7-115-65173-0

Ⅰ．B822.9

中国国家版本馆 CIP 数据核字第 2024GK9971 号

内 容 提 要

本书坚持立德树人的教育方针，秉承"关爱、同行、严谨、激情、求是、创新"的宗旨，以引导新时代学生"自我定位、自我增值、自我挑战、自我超越、自我实现"为理念，以指导学生科学规划职业生涯和严格管理自我为突破口，引领学生"投身社会实践、实现个人价值、追求辉煌人生"。

本书以培养学生的职业素养和通用能力为核心，以素质能力进阶为导向，旨在提高学生的思想觉悟与综合素质。本书采用项目教学的方式组织内容，坚持体验式训练的基本流程。本书包括 7 个模块、15 个项目：认知素质拓展训练与团队组建（认知和体验素质拓展训练、分组与团队建设）、自我认知能力训练（认知自我性格及优缺点）、心理素质拓展训练（积极心态训练，自信心训练，感恩、宽容与关爱训练，自制力与时间管理训练）、思维模式训练（建立双赢的心智模式、创新思维训练）、沟通素质与能力训练（沟通心理素质训练、沟通表达能力训练）、团队合作拓展训练（信任与责任训练、团队合作训练）、目标设定与职业规划训练（目标设定训练、职业发展规划训练）。

本书可作为中、高等职业院校及应用型本科院校职业素质教育相关课程的教材，也可作为从事素质拓展训练的相关工作人员的参考书。

◆ 主　编　杨　静

副 主 编　李少华　王春芳　时倩如　刘菁雯

责任编辑　白　雨

责任印制　王　郁　彭志环

◆ 人民邮电出版社出版发行　　北京市丰台区成寿寺路 11 号

邮编　100164　电子邮件　315@ptpress.com.cn

网址　https://www.ptpress.com.cn

北京鑫丰华彩印有限公司印刷

◆ 开本：787×1092　1/16

印张：12.5　　　　　　　　　2025 年 2 月第 1 版

字数：334 千字　　　　　　　2025 年 2 月北京第 1 次印刷

定价：52.00 元

读者服务热线：(010)81055256　印装质量热线：(010)81055316

反盗版热线：(010)81055315

2020年10月中共中央、国务院印发了《深化新时代教育评价改革总体方案》，方案中指出：全面贯彻党的教育方针，坚持社会主义办学方向，落实立德树人根本任务，遵循教育规律，系统推进教育评价改革，发展素质教育，引导全党全社会树立科学的教育发展观、人才成长观、选人用人观，推动构建服务全民终身学习的教育体系，努力培养担当民族复兴大任的时代新人，培养德智体美劳全面发展的社会主义建设者和接班人。

现代世界的竞争是人才的竞争。一个现代学生通过学校教育和职业训练获得理论知识和专业技能固然重要，但这只是提高综合素质的必要条件之一。在人生的旅途中，我们可能因为缺乏勇气而与众多机遇擦肩而过；在一个企业的发展历程中，企业可能因为团队涣散而与原本可以实现的辉煌失之交臂。知识和技能如同两翼，想要真正在事业的天空中翱翔，需要有驾驭两翼的力量，这种力量就是人格的力量。良好的心理素质、团队合作精神、双赢的心智模式、良好的沟通表达能力等，正是一个现代学生应具有的职业素养和人格力量。

根据著名心理学家麦克利兰的冰山模型可知，冰山下的属性不易被观察和测量，也难以被改变和评价，却对人的行为表现起着决定性的作用。本书将协助老师对学生实施素质拓展训练，通过体验式训练，希望学生：自省自悟，正确地认知自我，为职业生涯规划奠定基础；挖掘潜能，增强自信心，培养积极的心态；提高自制力，学会目标管理与高效执行；提高情商，学会处理人际关系；培养良好的思维习惯和心智模式；提高沟通能力及组织协调能力；提高主动学习能力和环境适应能力；培养良好的团队合作精神；培养创新意识和创新能力，为未来人生及职业发展奠定良好的基础。

本书以素质能力进阶为导向，采用项目教学的方式组织内容，坚持体验式训练的基本流程，即训练前的准备、训练体验、感受记录、感受分享、经验总结、实践应用、评价反馈。本书包括7个模块：认知素质拓展训练与团队组建、自我认知能力训练、心理素质拓展训练、思维模式训练、沟通素质与能力训练、团队合作拓展训练、目标设定与职业规划训练。每个模块中有一个或多个项目，每个项目中均有学习目标、学习任务、课前任务、课中任务和课后任务，课中任务中有若干个拓展训练，通过一系列拓展训练促进学生养成每日复盘反省、不断精进的好习惯。在每一个拓展训练中，老师必须遵循书中的几个步骤，省略任何一个步骤，训练的效果都将大打折扣。

本课程的课时分配建议如下：认知素质拓展训练与团队组建4学时、自我认知能力训练6学时、心理素质拓展训练12学时、思维模式训练4学时、沟通素质与能力训练8学时、团队合作拓展训练14学时、目标设定与职业规划训练8学时。

本书由河南职业技术学院电商物流学院市场营销教研室主任杨静担任主编，由李少华、王春芳、时倩如、刘菁雯担任副主编。本书具体分工如下：模块一、模块二、模块三由杨静编写，模块四由王春芳编写，模块五由时倩如编写，模块六由李少华编写，模块七由刘菁雯编写，杨静负责全书统稿和校对工作。参与编写的老师都具有扎实的理论基础、丰富的教学经验和社会培训经验。本书的编写还有河南清大纵横教育科技集团有限公司、郑州迪明怡企业管理咨询有限公司等相关企业人员的参与，实践性与指导性强。同时，感谢河南职业技术学院温娟娟教授对本书中的心理素质及态度相关的测量表进行审核，感谢四川工程职业技术大学武友德教授和河南理工大学王全印教授的指导！

本书配有丰富的立体化教学资源，包括微课视频、PPT、课程标准等，选书老师可以登录人邮教育社区（www.ryjiaoyu.com）获取相关教学资源。

在本书编写的过程中，编者学习和借鉴了国内外同行的部分成果，在此致以衷心的感谢！由于编者水平有限，书中难免存在不足之处，恳请各位同行和读者批评指正。

编　者

2024年8月

目
录
CONTENTS

04

模块四

思维模式训练　**82**

07 模块七
目标设定与职业规划训练　167

实训总结报告　191

模块一 认知素质拓展训练与团队组建

中共中央、国务院印发的《关于深化教育教学改革全面提高义务教育质量的意见》（以下简称《意见》），对全面提高义务教育质量做出顶层设计和系统部署。《意见》以发展素质教育为导向，从完善教育内容、提高课堂教学质量、增强教师教育能力、加强课程教材建设、完善考试招生制度、健全质量评价体系等方面提出具体措施，积极构建德智体美劳全面培养的教育体系，切实体现了为党育人、为国育才的社会主义办学方向。深化教育改革，全面推进素质教育，加快培养具有创新精神和团队精神的高素质人才，已经成为我国在未来国际竞争中赢得主动权的关键。素质拓展训练是对素质教育的一次系统提炼和有益补充，也是落实立德树人教育方针的必要举措。

项目1 认知和体验素质拓展训练

学习目标

学习目标如表1-1所示。

表1-1 学习目标

学习目标	关键成果
1. 了解并有意愿参加素质拓展训练 2. 了解素质拓展训练的流程 3. 了解素质拓展训练的纪律	1. 签订参训承诺书并宣誓 2. 了解素质拓展训练的流程 3. 了解素质拓展训练的纪律

学习任务

1. 任务描述

为了使参训的学生更了解和喜欢素质拓展训练，我们需要通过文字、图片、视频或破冰训练等让学生获得真切的感知，同时也让学生清楚素质拓展训练的内容、目标、流程、纪律，以确保参训学生的安全，提升训练的效果。

2. 任务分析

（1）重点

让学生熟悉素质拓展训练的内容、目标、流程、纪律及了解参加素质拓展训练的意义。

（2）难点

让学生对素质拓展训练感兴趣，主动参加素质拓展训练，并能遵守纪律。

3. 素质养成

（1）借助自学和训练体验，使学生学会如何增进友谊、构建和谐的人际关系。

（2）引领学生践行社会主义核心价值观。

▶ 课前任务

1. 自学素质拓展训练

请扫描二维码了解素质拓展训练的历史。

素质拓展训练的历史

2. 学情调查

请扫描二维码，认真客观地填写素质拓展训练课前学情调查问卷。

素质拓展训练课前学情
调查

3. 知识测试

请你在完成自学任务后，参与本次素质拓展训练的常识与经验测试，独立完成本次测试。

素质拓展训练的常识与
经验测试题

▶ 课中任务

任务1　认知纪律与签约宣誓

1.1　认知参加拓展训练的纪律

（1）迟到1次个人扣2分，小组扣2分；请假1次个人扣1分，小组扣1分；旷课1次个人扣5分，小组扣5分。

（2）上课时间关闭手机及娱乐工具，若谁的手机发出声响，或被发现有玩手机现象，个人扣5分，小组扣5分。

（3）上课未经允许交头接耳的，个人扣2分，小组扣2分。

（4）上课不遵守纪律规则嬉戏打闹的，个人酌情扣2～10分，小组扣相同分数。

（5）不遵守老师要求的安全注意事项的，个人酌情扣2～10分，小组扣相同分数。

（6）训练日志当天未完成的，个人扣3分，小组扣3分。

（7）忘记打扫卫生，每次小组扣10分，忘记打4壶热水或数量不够，每次小组酌情扣5～10分。

（8）课堂分享环节积极发言，个人每次酌情加1～5分，小组酌情加相同分数。

（9）主动为小组或班级奉献，个人酌情加2～10分，小组酌情加相同分数。

（10）拾金不昧，归还失主，个人每次酌情加3～10分。

（11）个人项目竞赛，奖励前10名个人，从第1名～第10名分别加10、9、8、7、6、5、4、3、2、1分。

（12）团队项目竞赛，奖励前3名小组（分别加90、70、50分），惩罚最后1名小组（倒数第1名扣10分）。

（13）主动协助老师布置训练场地或课后帮助老师归还训练设施的，个人酌情加1～5分。

（14）其他老师认为有利于教学、有利于安全、有利于友好团结、有利于传播正能量的事项，个人酌情加1～10分。

1.2　参训宣言与签约

参训承诺书

（举起右手）我以个人的名誉保证：

100%参与

100%投入

100%守时

100%尊重

100%主动

关闭所有的通信娱乐设备,我愿意接受统一管理。

宣誓人：

日期：　　年　　月　　日

任务2　素质拓展训练初体验——活动的告示牌

人与人之间相处需要一些话题促进交流，进而维系人际关系。这些话题需要留心寻找，而这个训练就为学生提供了交流的话题，帮助学生彼此之间进一步了解，增进交流，促进友谊。

2.1　训练前的准备

（一）训练介绍

这是一个帮助同学之间相互了解的破冰训练，通过训练，学生能锻炼沟通表达能力，能感受到记住别人的姓名、兴趣、爱好，以及扩大交际圈的好处。

（二）训练前的准备

训练前的准备如表1-2所示。

表1-2　训练前的准备

序号	材料名称	数量	备注
1	A4或B3白纸	50～100张	多于1.3倍学生人数
2	水彩笔	6盒	多于组数，签名用
3	透明宽胶带	5～10卷	多于组数
4	便利贴	60本	每组两天1本，尽量颜色相同
5	课件PPT	1个	无

2.2　训练体验

训练规则说明及实施如下。

（1）请学生在白纸上写出自己的姓名、爱好和兴趣，写完后用透明宽胶带将自己的"告示牌"贴在胸前（时间约5分钟），提前完成的学生加分（一般前5名才加分，分别加10、8、6、5、4分）。

爱好和兴趣示例如下。

● 最爱吃的食物是……

● 最喜欢的地方是……

● 最喜欢的书是……

● 最崇拜的人是……

● 最喜欢的颜色是……

● 理想的职业是……

● 最喜爱的运动项目是……

（2）所有学生完成后，老师让学生走动起来主动去认识尽可能多的学生，并记住他们的爱好和兴趣（时间为10～15分钟）。

（3）学生回到自己的座位，老师随机挑选学生进行朋友认知度测试，记住的学生越多、对应的爱好和兴趣记忆得越清楚，得分越高。测试时间约15分钟。

（4）评分规则：能完整记忆一位学生加10分，漏记一项扣1分，依次累计。

（5）计时结束，评出冠军、亚军、季军。

2.3　感受记录

🖨 | **任务工作单1**

（1）训练体验过程中，你是否能够快速、准确地完成"告示牌"的制作？你有什么感想？

（2）你是否清楚"活动的告示牌"训练的实施步骤？是否全身心认真地投入训练中？

（3）当你和陌生的学生交谈时，你的心情和感受如何？

（4）当有学生准确地记住你的名字以及你的爱好和兴趣时，你的心情如何？

（5）当你认识的学生越来越多时，你的心情如何？你是否愿意交更多的朋友呢？

2.4 感受分享

老师鼓励学生自愿发言，或挑选部分学生分享（学生应到讲台上发言），老师应肯定学生发言中积极的一面，引导学生思考、讨论，并根据发言的质量给学生加分。

若你有发言的灵感或想法，请将它记录在下面。

2.5 经验总结

老师应鼓励学生进行自省和总结，以学生总结为先，老师总结在后。

任务工作单 2

（1）你有什么办法记住更多学生的姓名及兴趣爱好呢？

（2）记住朋友的名字以及他们的兴趣爱好对我们的人际交往有什么好处？

（3）如果加入团队参加比赛，或毕业后参加工作进入陌生的企业，我们如何尽快融入新团队中呢？

（4）记住朋友的名字以及他们的兴趣爱好对于将来从事销售、管理等工作有什么意义？这个训练给你什么启发？

2.6　实践应用

任务工作单3

请同学们认真地想一想今天的训练体验和总结，并思考哪些观念、原则、策略和方法可以应用到日常生活中、学习中、创业实践中。请你遵循SMART原则将它列举出来，并扫描二维码完成实践作业。

SMART原则

实践作业

2.7 评价反馈

请扫描二维码获取评价工作单，完成评价任务。

| 个人自评表 | 小组内互评表 | 小组间互评表 | 老师评价表 |

任务3 素质拓展训练初体验——国王与天使

3.1 训练前的准备

（一）训练介绍

这是一个深度破冰、提高团队凝聚力的训练。活动目的：为学生提供一个机会，帮助学生相互了解，增进交流，促进友谊。

（二）训练前的准备

训练前的准备如表1-3所示。

表1-3 训练前的准备

序号	材料名称	数量	备注
1	国王与天使卡片	50张以上	1张A4卡纸打印裁剪成4张或8张卡片
2	水彩笔	6盒	签名用
3	抽奖箱	1个	抽签用
4	便利贴	60本	每组两天1本，尽量颜色相同
5	白板	2块	一块挂在教室门口，一块挂在教室后面

3.2 训练体验

训练规则说明及实施如下。

（1）老师发给每个人一张"国王与天使卡片"（时间约为1分钟）。

（2）每个人在卡片上写下自己的名字，并将卡片放回抽奖箱，此次卡片上的名字为"国王"的名字

（3）老师将所有卡片收齐后，将全部卡片的背面向上或折叠后放进抽奖箱（时间约为2分钟）。

（4）请每个人抽取一张卡片，并在"国王"的旁边填上自己的名字，然后交给老师（时间约2分钟）。如果抽中的是自己的卡片，待老师确认后重新抽签。"国王"旁边的名字即为对应的"天使"，"天使"不能直接或间接地告诉"国王""我抽到了你"，必须保密直到训练结束。（时间约3分钟）。

（5）老师发布要求：在训练期间"天使"需要更多地关注"国王"的成长和变化，暗暗地关心

他、鼓励他、赞美他（在便利贴上写鼓励和赞美的话，悄悄贴在白板公告栏）。

（6）请大家在抽取的卡片中"天使"旁边的位置写上自己的名字，并且要牢牢地记住"国王"的名字，然后将卡片交给老师（时间约2分钟）。

（7）老师告诉大家，在训练快结束的时候，会公布卡片结果。

（8）当训练即将结束时，请全体成员围坐在一起（将灯光调暗一些），老师首先对大家在整个训练期间所给予的支持与配合表示感谢，随后将国王与天使卡片一张一张地揭晓。

3.3 感受记录

任务工作单1

（1）在整个训练期间，你是如何扮演"天使"角色的？你给自己的"国王"写鼓励和赞美的话时感受如何？

（2）当你悄悄到公告栏贴你写的便利贴时，你的心情是怎样的？

（3）在训练过程中，当你收到"天使"的鼓励和赞美时，你的感受如何？

（4）在生活与工作中，谁是你的"天使"呢？你又是谁的"天使"呢？

（5）和你参加过的其他训练相比，你感觉素质拓展训练有哪些与众不同的地方？你从这个训练中，获得了哪些启发？

3.4　感受分享

老师鼓励学生自愿发言，或挑选部分学生分享（学生应到讲台上发言），老师应肯定学生发言中积极的一面，引导学生思考、讨论，并根据发言的质量给学生加分。

若你有发言的灵感或想法，请将它记录在下面。

3.5　经验总结

老师应鼓励学生进行自省和总结，以学生总结为先，老师总结在后。

任务工作单 2

（1）你是如何理解"得道多助，失道寡助"这句话的？

（2）你认为怎样才能拥有更多"天使"朋友呢？

（3）根据已学过的管理学、经济学、营销学等理论，这个训练对将来从事营销策划、销售、管理等工作有什么意义？这个训练给你什么启发？

3.6　实践应用

任务工作单 3

请同学们认真地想一想今天的训练体验和总结，并思考哪些观念、原则、策略和方法可以应用到日常人际交往、学习、工作或创业实践中。请你遵循SMART原则将你的提升计划描述出来，扫描二维码完成实践作业。

实践作业

3.7　评价反馈

请扫描二维码获取评价工作单，完成评价任务。

个人自评表　　　　小组内互评表　　　　小组间互评表　　　　老师评价表

课后任务

1. 每日三省吾身

每天交3个新朋友，并记录新认识朋友的信息。

每天睡觉前回想一下自己今天的思路和行为，思考哪些有利于你获得幸福快乐的生活，哪些有利于你职业的发展？请遵循SMART原则列举你的反思改进计划。

2. 实践应用效果评价

实践应用效果评价表如表1-4所示。

表1-4　实践应用效果评价表

实践应用计划概要	关键行动说明	执行起止时间	实际执行情况	效果反馈	监督人签名

执行人（签名）：　　　　　　　　　　　评价时间：

项目 2 | 分组与团队建设

学习目标

学习目标如表1-5所示。

表1-5 学习目标

学习目标	关键成果
1. 学会建设团队文化 2. 通过展示团队风采促进团队融合	1. 完成分组，选出组长、督导、安全防护员、文化宣传员，并明确各自职责 2. 完成团队文化建设（队旗、团队文化宣传页），向全班展示并进行评比 3. 团队更具凝聚力，团队士气高涨

学习任务

1. 任务描述

为了使参训的学生更好地融入团队、融入班级，同时为后续团队合作训练项目开展奠定良好的基础，我们需要通过分组、团队文化建设与展示、团队风采展示评比等锤炼团队，让学生清楚地意识到团队合作的重要性。

2. 任务分析

（1）重点
学生利用管理学、营销学的理论知识进行团队文化建设与展示。
（2）难点
通过团队文化建设、团队风采展示，各组学生尽快融入团队，初步具备团队合作意识。

如何进行团队建设和
团队文化塑造

3. 素质养成

（1）提升学生的自我管理意识和能力，更好地适应企业或团队的组织文化。
（2）培养学生沟通协作素养和能力，促进其尽快融入团队之中。
（3）强化学生的集体感。

课前任务

请扫描二维码学习"组织文化的构成及企业文化的要素"。

组织文化的构成及企业
文化的要素

▶ 课中任务

任务1 分组

1.1 训练前的准备与规则说明

（一）分组活动介绍

分组就是将学生分成 8～12 人的小组，组数建议为偶数（方便竞赛），每组选出组长1名、督导1名、安全防护员2名（1男1女）、文化宣传员1名等。然后小组讨论分工，进行团队文化建设。

（二）分组及各岗位职责说明

1. 岗位类型

每组选出组长1名、督导1名、安全防护员2名（1男1女）、文化宣传员1名等。

2. 组长的岗位职责

（1）组长是团队的领头人，其将整个团队凝聚在一起。

（2）制订团队的目标和计划，组长是最终的决策者，也是团队成败的责任承担者。

（3）在团队出现分歧时，组长及时沟通协调；当组员灰心迷茫时，组长要理性思考，尽快找到解决问题的办法。

（4）鼓舞团队士气，积极参与训练和学习等活动，力争使每位组员都不断成长和进步。

（5）安排组员全体或轮流值日，完成课前打水、课后卫生打扫、物品清查等任务。

（6）协助老师完成对组员和各小组的评分。

3. 督导的岗位职责

（1）检查本组上课出勤情况，课前督促组员不迟到，记录出勤情况并汇报给组长和老师。

（2）在训练中担任时间管理员的角色，提醒组长或组员时间。

（3）协助组长进行分工、组织，在训练中监督组员认真执行任务。

（4）在训练中担任裁判或监督员，确保训练公平公正。

（5）督促组员积极参与训练、记录、发言、总结学习，每个训练活动结束前检查训练日志完成情况，确保每人都能在当天完成老师规定的任务。

（6）记录小组和组员个人的各项活动成绩以及加减分，并及时汇报给组长和老师，记录在小组和个人积分榜上。

4. 安全防护员的岗位职责

（1）课前协助老师布置训练场地、运送安放训练设施，并接受老师的课前培训。

（2）课前通知学生安全注意事项，到场后逐一进行安全检查。

（3）训练中监督参训学生遵守训练规则，及时发现可能出现的危险，将危险消灭在萌芽中。

（4）训练中负责小组训练手册、手机、水壶、水杯等物品的保管，避免丢失。

（5）训练结束后，协助老师整理、清洁训练设施等，并将训练设施送还到训练中心。

5. 文化宣传员的岗位职责

（1）带领组员完成团队文化建设。

（2）宣扬传播团队文化，维护和完善团队文化。

（3）组织啦啦队，给组员和团队鼓舞士气。

（4）训练中给团队或组员拍照片或视频，或协助其他组完成照片或视频的拍摄。

（5）协助组长完成小组的训练总结。

1.2　训练体验

（一）分组可选方案

（1）随机分组：扑克牌分组、排队等距分组。

（2）老师指定分组：根据学生性格、生源地、宿舍差异化分组。

（3）半自主自愿组队：老师指定组长，组长选择或招募组员。

（二）组内分工

（1）分组后让每位组员相互熟悉（约3分钟）。

（2）老师发出指令："你认为谁更有责任心、更有能力，谁适合担任组长，在我说完'1、2、3'后，请将你的食指指向他。"根据组员意愿，民主地选出组长和督导（1～2分钟）。

（3）组长和督导带领组员推选出2名安全防护员和1名文化宣传员。

（4）组长将小组职责分工及人员名单整理好，交给老师。

（5）各组组建QQ群和微信群方便联系和沟通。

（6）所有组长到讲台通过抽签确定组号。

1.3　感受记录

任务工作单1

（1）分组前你想和谁分在一个组？你的愿望实现了吗？这个活动中，你的参与积极性如何？

（2）在推选组长、督导时你是怎么想的？你想不想当组长？选出组长和督导后，你的心情是怎样的？

（3）小组分工完成后，你的角色是什么？你是否愿意全力以赴承担对应的职责？你的感受是怎样的？

1.4　感受分享

老师鼓励学生自愿发言，或挑选部分学生分享（学生应到讲台上发言），老师应肯定学生发言中积极的一面，引导学生思考、讨论，并根据发言的质量给学生加分。

若你有发言的灵感或想法，请将它记录在下面。

1.5　经验总结

老师应鼓励学生进行自省和总结，以学生总结为先，老师总结在后。

任务工作单 2

（1）从本次分组活动体验中，你学到了哪些经验？

（2）你认为如何分组才能打造有凝聚力和战斗力的优秀团队？

1.6　实践应用

任务工作单 3

　　请同学们认真地想一想今天的训练体验和总结，并思考哪些分工、分组的策略和方法可以应用到未来的生活和社会实践中。请你遵循 SMART 原则将你的提升计划描述出来，扫描二维码完成实践作业。

实践作业

任务2　团队文化建设

团队文化建设是一项以提高团队凝聚力和团队协作能力为目标的拓展训练活动，它主要通过明确建设任务、组织分工、文化创意、团队文化制作、团队文化展示与讲解等使团队成员在参与过程中体验到团队合作的重要性，进而促进团队融合。时间控制在35～40分钟。

2.1　训练前的准备与规则说明

（一）训练前的准备

组长和文化宣传员到老师指定的地方领取宣传材料，每组物料清单如表1-6所示。

表1-6　团队文化建设材料准备

序号	材料名称	数量	备注
1	A1/B1纸	2张	其中1张备用
2	水彩笔	3盒	设计队徽、绘制队旗
3	彩色刀旗	1面	颜色自选
4	旗杆	1根	竹子或不锈钢材质均可，长1.2～1.5米
5	透明宽胶带	1卷	张贴团队文化宣传页

（二）团队文化的内容和要求

（1）团队名称（又称队呼，一般2～4字，有积极正向意义，朗朗上口，便于记忆，个性独特）。

（2）团队标志（又称队徽，符合标志设计的基本要求）。

（3）团队口号（一般2组四字词语较常见，主要用于团队文化展示或鼓舞团队士气）。

（4）团队的使命、愿景、价值观（参考优秀企业的企业文化）。

（5）队旗（队旗上必须有组号、队名和队徽）。

（6）团队文化宣传页（需包含组号、队名、队徽、口号、队歌、团队使命、团队愿景和价值观、团队所有成员及其分工说明）。

2.2　训练体验

（一）团队文化设计与制作

（1）基于营销理论知识，参考同学们熟悉的品牌文化，小组讨论后给团队起名。

（2）团队协商并设计团队的"队徽"。

（3）团队协商并确定团队的"口号"。

（4）团队协商并确定"团队的使命、愿景、价值观"。

（5）团队协商并派出代表绘制队旗。队旗展示如图1-1所示。

（6）文化宣传员或其指定的组员绘制团队文化宣传页。

（7）按时完成的团队加分，超时完成的团队扣分（具体加减分规则见老师手册）。

图1-1 队旗展示

团队文化设计评分表如表1-7所示。

表1-7 团队文化设计评分表

被评组名： 评价日期：

评分项目	文化宣传页				队旗		队名、队徽	综合评分
评分标准	布局合理	字体优美、字迹规整	色彩搭配合理	文化要素齐全	设计精美、含义丰富	色彩搭配合理	富有正能量，便于记忆	
分值	10分	15分	15分	15分	15分	20分	10分	100分
评委打分								

（二）团队文化展示与讲解

（1）每个团队派出组长或督导，与老师组建团队文化建设评委会，并开会说明评分原则（评分需客观、公正、公平，评委所在团队展示时评委归队回避），然后每位评委领取评分表。

（2）各团队自愿申请进行团队文化展示（如果各团队积极性不高就抽签决定出场顺序）。

（3）全体组员一起到讲台附近，展示本团队的团队文化宣传页、队旗，并由1名代表进行讲解，展示期间由其他团队给该团队拍摄照片或视频。

（4）评委打分，展示完毕的团队返回座位。

（5）组长或老师收集评分表。

（6）待所有团队展示完毕后，由统计人员进行计算和评分，并向老师汇报，然后记录在积分榜上，拍照上传至班级群中。

2.3 感受记录

| 任务工作单 1 |

（1）团队文化建设前期，你所在团队是如何分工的？你在团队文化设计时提出了哪些建议？你的建议是否被采纳？你的心情是怎样的？

（2）你在团队文化建设活动中的参与积极性如何？你在团队文化建设中参与了哪些建设任务？你的感受是怎样的？

（3）你对本团队在团队文化设计和建设中的团队合作状态如何评价？你是否认可你们的团队文化？请说明认可或不认可的原因。

（4）在团队文化展示与讲解前你们团队是如何分工的？是否进行了排练？

（5）在团队文化展示与讲解时你的感受如何？你对本团队文化展示与讲解的表现满意吗？

2.4 感受分享

老师鼓励学生自愿发言，或挑选部分学生分享（学生应到讲台上发言），老师应肯定学生发言中积极的一面，引导学生思考、讨论，并根据发言的质量给学生加分。

若你有发言的灵感或想法，请将它记录在下面。

2.5　经验总结

老师应鼓励学生进行自省和总结，以学生总结为先，老师总结在后。

任务工作单 2

（1）从本次训练体验中，你学到了哪些关于团队文化设计和建设的经验？

（2）在团队文化设计和建设的过程中，有哪些关键因素影响了你们？今后应如何应对这些因素？

（3）如何激励团队成员积极参与并传播团队文化？有什么方法可以提高团队成员对团队文化的认同感和自豪感？

（4）在未来的团队文化建设和展示活动中，应该关注哪些重点？如何确保所做的努力能够产生持久和积极的影响？

2.6　实践应用

任务工作单 3

　　请同学们认真地想一想今天的训练体验和总结，并思考哪些观念、原则、策略和方法可以应用到团队文化建设实践中。请你遵循 SMART 原则将你的提升计划描述出来，扫描二维码完成实践作业。

实践作业

任务 3 团队风采展示

3.1 训练前的准备

团队风采展示流程说明如下。

（1）由老师随机抽签选出某队，老师说："×××队。"

（2）×××队全体（整齐）起立，大声答："到！"

（3）×××队组长整理队形并向全队发出命令："从左至右（或从后往前）依次报数。"组员报数完毕后，组长说："报告老师，×××队应到×人，实到×人，请指示。"

（4）老师说："你们准备好了吗？"

（5）×××队全体（整齐）回答："时刻准备着！"

（6）老师说："风采展示开始！"

（7）组长或督导组织队伍，带上队旗，队伍踏着整齐的步伐走向展示台中央，然后面向学生和评委，布置好队形。

（8）组长或督导高呼："我们的队名是？"全体组员回答："×××队！"（上述对话可重复 2～3 遍）

（9）组长或督导高呼："我们的口号是？"全体组员回答："×××！"（上述对话可重复 2～3 遍，可以挥舞队旗，组员可以做统一的动作和手势）

（10）组长或督导高呼："我们的队歌是？"全体组员回答："×××！"

（11）文化宣传员起头，全体组员演唱队歌（节选歌曲高潮部分，时间 1～2 分钟，其中可以变换队形或配合肢体动作）。

（12）组长或督导说："报告老师，×××队风采展示完毕，请指示。"

（13）老师说："请列队带回，有请下组，请评委打分并提交评分表！"

（14）组长或督导回到座位后说："×××队。"

3.2 训练体验

团队先进行 15～20 分钟的风采展示排练，随后进行 20～30 分钟的风采展示。风采展示相关说明如下。

（1）每个团队派出组长或督导，与老师组建团队风采展示评委会，并开会说明评分原则（评分需客观、公正、公平，评委所在团队展示时评委归队回避），然后每位评委领取评分表（见表 1-8）。

（2）各团队自愿申请进行团队风采展示（如果各团队积极性不高就抽签决定出场顺序）。

（3）团队风采展示，按照团队风采展示流程说明执行。

（4）某团队到展示区进行团队风采展示时，由其他团队给该团队拍摄照片和视频。

（5）班长或老师收集评分表。

表 1-8 团队风采展示评分表

评分项目	统一指挥、步调一致	口令正确、展示有序	声音洪亮、士气高昂	队歌演唱整齐优美	队形变换有创意	综合评分
分值	20分	20分	20分	20分	20分	100分
评委打分						

（6）待所有团队展示完毕后，由统计人员进行计算和评分，并向老师汇报，然后记录在积分榜上，拍照上传至班级群中。

3.3　感受记录

| 任务工作单 1 |

（1）团队风采展示前你所在团队是否进行了排练？你当时的心情是怎样的？你是否愿意完全投入训练和展示活动中呢？

（2）在团队风采展示时你感觉如何（紧张、拘束、开心、难过等）？你感觉自己有没有被接纳？你有没有融入团队呢？

（3）你对本团队在团队风采展示中的团队合作状态如何评价？你是否认可你们的团队文化？请说明认可或不认可的原因。

（4）你对团队的表现满意吗？你是希望自己可以做得更好，还是希望团队某些成员做得更好呢？你希望自己或他们怎么做？

（5）团队风采展示完毕后，你是否感觉你所在团队的凝聚力得到了提升？

3.4　感受分享

老师鼓励学生自愿发言，或挑选部分学生分享（学生应到讲台上发言），老师应肯定学生发言中积极的一面，引导学生思考、讨论，并根据发言的质量给学生加分。

若你有发言的灵感或想法，请将它记录在下面。

3.5　经验总结

老师应鼓励学生进行自省和总结，以学生总结为先，老师总结在后。

任务工作单 2

（1）你是否期望自己的团队变得更好？你会给组长提出什么具体建议，以此促进团队更加和谐、默契，提高团队的战斗力？

（2）为什么要建设团队文化？如何让团队文化被每位成员心悦诚服地接受呢？

（3）团队风采展示能否增进团队凝聚力？如果你是组长，你会怎么做，使团队成员尽快融入团队并有团队荣誉感呢？

（4）根据已学过的管理学、经济学、营销学等理论，团队风采展示活动对你将来创业和就业有什么启发？

3.6　实践应用

任务工作单 3

请同学们认真地想一想今天的训练体验和总结，并思考团队风采展示中的哪些观念、原则、策略和方法可以应用到日常生活中、学习中、创业实践中。请你遵循 SMART 原则将它列举出来，扫描二维码完成实践作业。

实践作业

3.7 评价反馈

请扫描二维码获取评价工作单，完成评价任务。

| 个人自评表 | 小组内互评表 | 小组间互评表 | 老师评价表 |

课后任务

1. 团队风采展示方案修改与训练

从自身存在的问题及改进措施、团队存在的问题及改进措施等多方面进行描述。

2. 实践应用效果评价

实践应用效果评价表如表1-9所示。

表1-9 实践应用效果评价表

实践应用 计划概要	关键行动说明	执行起止时间	实际执行情况	效果反馈	监督人签名

执行人（签名）：　　　　　　　　　　评价时间：

模块二 自我认知能力训练

自我认知指的是对自己的洞察和理解，包括自我观察和自我评价。自我观察是指对自己的感知、思维和意向等方面的觉察；自我评价是指对自己的想法、期望、行为及人格特征的判断与评估。

我国有句古话，叫作"人贵有自知之明"，其中的"贵"字，不但指宝贵，而且指稀少。老子说："知人者智，自知者明；胜人者有力，自胜者强。"德尔菲神庙上也刻着一行箴言："认识你自己！"这就是我们今天训练的主题——自我认知。

引导故事

小张，女，高等职业技术学校一年级学生。家住郊区，父母做小生意。小张长相普通，性格忧郁、敏感。

随着年龄的增大，爱美之心开始在小张心中萌芽。于是，她经常照镜子，但是看着镜子里那个脸色黄、鼻梁塌、眼睛也不大的女孩就灰心丧气。同时小张也认为周围有无数双眼睛在看她，议论她："这女孩真难看。"小张开始整夜失眠，"我为什么长得这么丑，这么笨"这一想法像一块砖头堵在胸口，压得她喘不过气来。小张从此失去了往日的笑声，不和其他同学交往。逐渐地，她变得孤僻，在班级里几乎没有朋友，同学叫她到家里玩或逛街，她都不敢去，因为她觉得同学家庭条件比她好。她觉得自己长得不漂亮，总是低着头，匆匆从别人旁边走过。小张感到无比孤独与困惑，总觉得自己很渺小，与同学在一起，感到很痛苦，但是不与同学在一起，又觉得很孤独。

青春期情感萌动的小张，一方面渴望得到温暖、爱护、甜蜜和快乐，另一方面又对自己外貌严重不满，从而变得极度自卑，对自身优点视而不见，全面否定了自己。小张是一个自我形象定位偏低的孩子。

思考：

1. 案例中的小张的主要问题是什么？她自卑的根本原因是什么？

2. 常见的自我认识偏差的表现有哪些？你是如何应对这些问题的？

项目3 认知自我性格及优缺点

学习目标

学习目标如表2-1所示。

表2-1 学习目标

学习目标	关键成果
1. 确立客观的自我概念 2. 通过自我设计、自我评价、自我监控等具体操作，有效地在学习、生活实践中发展健康的自我 3. 为后续的职业规划奠定基础	1. 完成自我性格的认知报告 2. 掌握提高自我认知能力的方法

学习任务

1. 任务描述

为了更好地掌控自己的人生，我们需要时刻认识自己，清楚自己的优点和缺点，清楚自己的目标、性格、价值观、职业倾向，意识到自己所处的位置和环境，这样才能扬长避短，不断地提升自我。

认识自我优缺点

2. 任务分析

（1）重点

自我优缺点必须通过多个途径进行观察，从而使自我优缺点认知更客观、更全面。

（2）难点

需要克服在训练中态度不认真的情况，使自我优缺点的描述尽量完整，不影响自我认知的效果。

3. 素质养成

（1）通过训练体验，让学生提高自我认知能力。

（2）以中华优秀传统文化引领学生树立正确的价值观。

（3）通过训练体验，让学生清晰地认知自我的性格和身边人的性格。

（4）使学生学会识别他人的性格，学会与不同性格的人相处，有利于学生构建和谐的人际关系。

（5）引导学生提高情商，不断完善自我，自觉践行社会主义核心价值观。

课前任务

1. 认识自己

活动目的：强化自我认知，促进自我接纳。

活动步骤如下。

首先，在下面写出20句"我是一个……的人"，要求尽量选择一些具体的、能反映个人风格的语句，避免出现类似"我是一个男生"这样的句子。

（1）我是一个_____的人。

（2）我是一个_____的人。

（3）我是一个_____的人。

（4）我是一个_____的人。

（5）我是一个_____的人。

（6）我是一个_____的人。

（7）我是一个_____的人。

（8）我是一个_____的人。

（9）我是一个_____的人。

（10）我是一个_____的人。

（11）我是一个_____的人。

（12）我是一个_____的人。

（13）我是一个_____的人。

（14）我是一个_____的人。

（15）我是一个_____的人。

（16）我是一个_____的人。

（17）我是一个_____的人。

（18）我是一个_____的人。

（19）我是一个_____的人。

（20）我是一个_____的人。

其次，将上述的20项内容做如下归类。

A. 身体状况（你的体貌特征，如年龄、身高、体重、相貌、气质）

编号：

B. 情绪状况（你常有的情绪，如乐观开朗、激动不已、烦恼沮丧等）

编号：

C. 才智状况（你的智力、能力情况，如聪明、灵活、迟钝、能干等）

编号：

D. 社会关系状况（与他人关系，如何和别人相处，对他人常常持有的态度、原则，乐于助人、爱交朋友、坦诚、孤独等）

编号：

E. 其他

编号：

接着评估一下对自己的陈述是积极的还是消极的。在所列的每一句话前面加上"+"或者"-"。加号表示这句话表达了对自己满意的态度，减号则表示对自己不满意的态度。

请分别计算添加加号与减号的项目数量，加号（+）_____项，减号（-）_____项。

最后反馈结果。如果加号数量多于减号，说明自我接纳的情况良好；如果减号数量近一半或者超过一半，说明对自己还不满意，还不能较好地接纳自己，自信程度较低。如果你的结果是后者，你要思考一下，寻找问题的根源，比如你是不是低估了自己，是什么原因使你成为这样，有没有改善的可能等。如果有改善的可能，你准备怎么做？

2. 绘制生命之花

请参考生命之花（见图2-1）的8个分类：职业发展、财务状况、身心健康、家庭、朋友及重要的他人、休闲娱乐、个人成长及自我实现。用1～10分评估你在每个区域的表现，1分最接近圆心——满意度最低，10分则在圆的边缘——满意度最高。这项练习需要花15～30分钟。上课前请将绘制好的生命之花交给督导。

3. 描绘未来的理想生活

请你想象一下，你理想中10年或15年后的生活是怎样的？你生活在哪里？你的职业是什么？你的家庭成员有哪些？你的年收入和财富积累是多少？你居住的房子面积多大，结构是怎样的？你家有几辆汽车，分别是什么品牌的？你的生活方式是怎样的？请绘制思维导图，上课前交给督导，并准备一些关于理想的彩色图片（如房子、汽车、家庭、职业等，图片大小在6寸以上，光面照相纸打印），为绘制理想画板做好准备。未来的理想生活思维导图示例如图2-2所示。

图2-1　生命之花

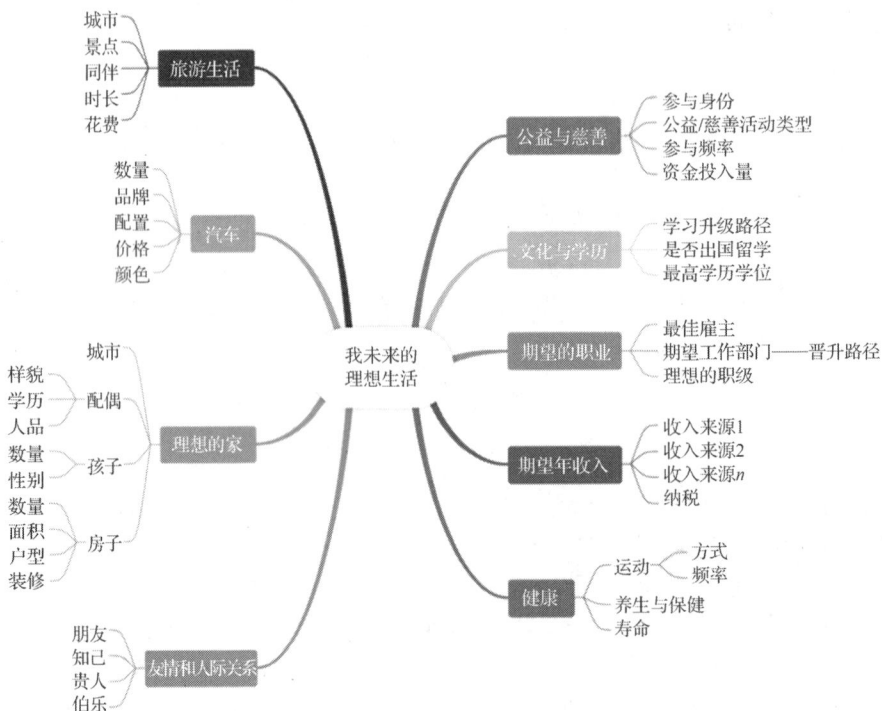

图2-2　未来的理想生活思维导图示例

▶ 课中任务

任务1　认知自我优缺点：面对自我

每个人都有优点和缺点，但并不是每个人都能正确认识自己的优点或缺点，因此容易形成妄自尊大或妄自菲薄的性格，这两种性格都不利于一个人的生活、学习和工作。这个训练给学生提供了一个机会，使他们真正了解自己的优点和缺点，认识自己的长处和短处，学会接纳自己和欣赏自己，并认可自己。

1.1　训练前的准备与规则说明

（一）训练前的准备

（1）认知自我优缺点卡片、认知自我优缺点示例。

（2）音乐及播放音乐的设备。

（二）训练规则及实施说明

（1）请学生将自己的特长写出来。

（2）请学生将自己不擅长的一件事写出来。

（3）请学生仔细考虑，自己是否认识到了自己的特长和不足。

（4）请学生从两个方面评价自己，这两个方面对许多技能的提高都是非常重要的。

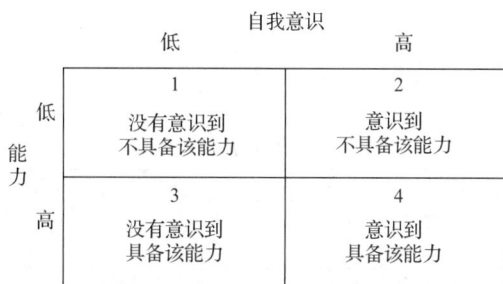

（5）看图2-3意识与能力之间的关系并完成"任务工作单1"与"任务工作单2"。

<table>
<tr><td rowspan="2" colspan="2"></td><td colspan="2">自我意识</td></tr>
<tr><td>低</td><td>高</td></tr>
<tr><td rowspan="2">能
力</td><td>低</td><td>1
没有意识到
不具备该能力</td><td>2
意识到
不具备该能力</td></tr>
<tr><td>高</td><td>3
没有意识到
具备该能力</td><td>4
意识到
具备该能力</td></tr>
</table>

图2-3　意识与能力之间的关系

1.2　训练体验

📝 | 任务工作单1

（1）简述提高自我认知能力的重要性。

（2）你是否清楚"面对自我"训练的实施步骤？你能否全身心地投入训练和学习中呢？

（3）在提高自我认知能力方面，你期望获得哪些帮助？

任务工作单2

（1）请你闭目回顾一下你从小到大的经历及其感受。

（2）请你想一想你对自我的评价或者家长、老师、同学、朋友等身边人对你的评价。

（3）请独立思考完成自我优缺点列表（见表2-2），你要尽量多地、具体地描述（优点和缺点不必一样多）。

表2-2 自我优缺点列表

优点（Strengths）	缺点（Weaknesses）

1.3 感受记录

| 任务工作单 **3**

（1）邀请两位以上自己的朋友或者熟悉的同学，让他们根据对你的了解，写出他们认为你拥有的优点和缺点，完成表 2-3。

表 2-3 同学 / 朋友指出的我的优缺点

同学/朋友对我优缺点的描述	
我的优点（Strengths）	我的缺点（Weaknesses）

（2）请将前文所做的自我描述与他人描述进行比较，看看两者是否有不一致。你还可以和参评人进行讨论，了解自己在其心目中是一个什么样的人。

（3）当再一次看清楚自己的优点和缺点后，请写出你的感受。

同学朋友指出的我的
优缺点

1.4 感受分享

老师鼓励学生自愿发言，或挑选部分学生分享（学生应到讲台上发言），老师应肯定学生发言中积极的一面，引导学生思考、讨论，并根据发言的质量给学生加分。

若你有发言的灵感或想法，请将它记录在下面。

1.5 经验总结

任务工作单 4

(1) 你有哪些优点是值得发扬的? 请完成表2-4。

表2-4 值得发扬的优点

序号	优点
①	
②	
③	
④	
⑤	
⑥	
⑦	
⑧	
⑨	
⑩	

(2) 在缺点方面, 按"不能改变的缺点""可以改变的缺点"进行分类, 并思考该缺点对未来理想生活有多大影响, 请完成表2-5。

表2-5 缺点的分类及对未来理想生活的影响程度

不能改变的缺点	可以改变的缺点	对未来理想生活的影响程度 (1 ~ 10; 1表示影响微弱, 10表示影响巨大)

1.6　实践应用

（1）完成表2-1-5后，对于可以改变的缺点，在探讨之后结合自己未来理想的生活，制订出改进的方法和计划，完成表2-6。

表2-6　可以改变的缺点及改进方法和计划

重要性排序	可以改变的缺点	改进的方法和计划
1		
2		
3		
4		
5		

（2）将来在哪一方面发展，你会比他人更有前途？你如何保持这种优势？

1.7　评价反馈

请扫描二维码获取评价工作单，完成评价任务。

| 个人自评表 | 小组内互评表 | 小组间互评表 | 老师评价表 |

任务2　认知自我性格：识别性格色彩

2.1　训练前的准备

（一）训练简介

性格是指一个人经常性的行为特征，或因适应环境产生的惯性行为倾向，它包括显性的行为特征与隐性的心理倾向两个部分。识别性格色彩活动，有助于学生们通过性格测试、自我发现、老师讲解和经验总结分享等环节学会识别自己和他人的性格色彩，消除人际交往中的障碍，完善自身性格，通往成功、幸福的人生。

各种性格的优缺点

（二）训练工具准备

准备一间能容纳50人以上的多媒体教室，并配活动座椅。训练工具准备如表2-7所示。

表2-7　训练工具准备

序号	材料名称	数量	备注
1	五色（红、黄、蓝、绿、粉）丝巾	5条	每种颜色1条
2	性格色彩测试卡	50张	确保每位学生都有1张
3	课件PPT	1个	性格色彩解读与应用

2.2　训练体验

训练活动实施步骤说明如下。

（1）学生根据二维码中的试题进行性格色彩测试。

（2）首先每个人确定选择最多的选项，根据选项安排位置，如A选项最多就坐在黄色区域，B选项最多的坐在红色区域，C选项最多的坐在蓝色区域，D选项最多的坐在绿色区域。

性格色彩测试　　　性格色彩识别与应用

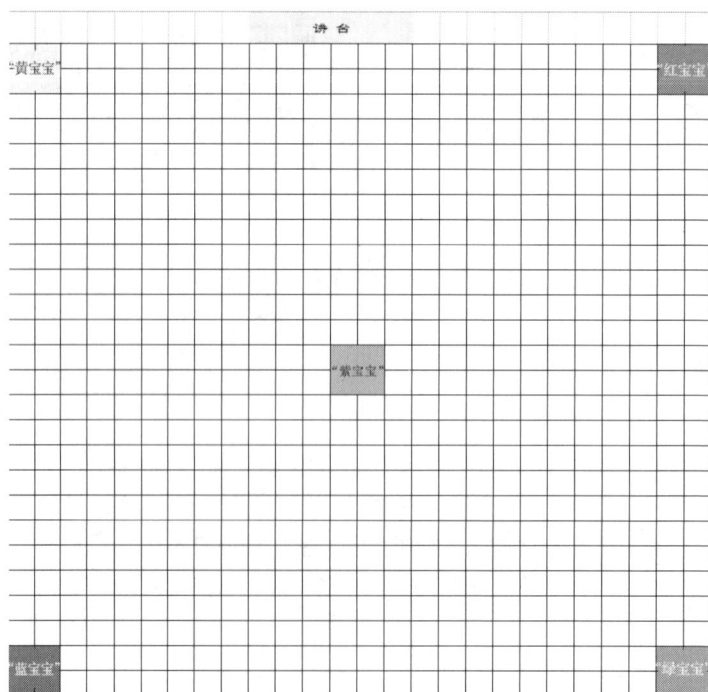

（3）老师根据课前性格测试的结果给每位学生分配座位。座位分配规则如下：A选项最多的人是黄色性格的代表，称之为"黄宝宝"，佩戴黄色丝巾；B选项最多的人是红色性格的代表，称之为"红宝宝"，佩戴红色丝巾；C选项最多的人是蓝色性格的代表，称之为"蓝宝宝"，佩戴蓝色丝巾；D选项最多的人是绿色性格的代表，称之为"绿宝宝"，佩戴绿色丝巾；四个选项比较均衡的人，如A10、B10、C10、D10，或A11、B10、C9、D10，是紫色性格的代表，称之为"紫宝宝"，佩戴紫色丝巾。老师根据主性格色彩安排学生，最终形成5个群体。不同性格学生的座位分配参考图如图2-4所示。

图2-4　不同性格学生的座位分配参考图

（4）请各性格色彩小组同学从不同角度描述自己所在的性格色彩群体共同的性格特点。

（5）请各组派代表讲解每个性格色彩的性格特点（优点、缺点）。

（6）当每组的性格色彩代表发言完毕时，老师引导、补充和总结该组所描述的性格色彩的特点。

（7）老师讲解每种性格色彩的性格完善方法，每位同学根据自己的性格特点，完成自我性格完善任务卡。

2.3 感受记录

| 任务工作单1 |

（1）当老师根据性格测试的结果为你分配座位时，你的心情如何？

（2）座位分配完毕后，你是否主动跟你周围的同学交流？当你发现周围的同学性格特点相同或相似时，你的感受如何？

（3）你对"黄宝宝""红宝宝""蓝宝宝""绿宝宝""紫宝宝"的印象如何？他们身上有哪些显著的行为或外在特征呢？

（4）小组同学讨论性格色彩群体共同的性格特点时，你的感受是怎样的？

| 任务工作单2 |

（1）请组长或其指定的代表主持小组讨论，请两名以上学生进行记录。

(2)请将本组性格色彩所代表的性格的共同特点填写在表2-8中。

表2-8 性格色彩特点描述

性格维度	优点(Strengths)	缺点(Weaknesses)
审美观念		
喜欢的服饰颜色款式		
面部表情(眼神)		
语言表达能力和倾向		
聚会上的行为表现		
社交方式(内向或外向)		
认识新朋友的意愿和速度		
做事风格(独立或依赖)		
对待风险的态度		
处事原则		
时间观念与计划性		
脾气与情绪控制		
责任心及承诺兑现度		
意志力/忍耐力/抗挫力		
自信程度		
爱心与宽容		
价值观念		
崇拜或喜欢的人物		

(3)请将组内没有发现的本组性格的特点记录下来。

2.4 感受分享

老师鼓励学生自愿发言,或挑选部分学生分享(学生应到讲台上发言),老师应肯定学生发言中积极的一面,引导学生思考、讨论,并根据发言的质量给学生加分。

若你有发言的灵感或想法,请将它记录在下面。

2.5 经验总结

当每组的性格色彩代表发言完毕时，老师引导、补充和总结该组所描述的性格色彩的特点（优点、缺点）。

任务工作单3

（1）我的性格色彩是_____（一般双色组合居多，三色组合次之，四色组合较少）。

（2）参考前项任务工作单所填写的性格维度，思考你的性格特点是什么？补充并完善本人性格色彩特点描述，并完成表2-9。

表2-9 本人性格色彩特点归纳（补充）

性格维度	优点（Strengths）	缺点（Weaknesses）
审美观念		
喜欢的服饰颜色款式		
面部表情（眼神）		
语言表达能力和倾向		
聚会上的行为表现		
社交方式（内向或外向）		
认识新朋友的意愿和速度		
做事风格（独立或依赖）		
对待风险的态度		
处事原则		
时间观念与计划性		
脾气与情绪控制		
责任心及承诺兑现度		
意志力/忍耐力/抗挫力		
自信程度		
爱心与宽容		
价值观念		
崇拜或喜欢的人物		

2.6　实践应用

| 任务工作单 4 |

（1）对于可以改变的缺点，在探讨之后结合自己未来理想的生活，制订出改进的方法和计划，完成表2-10。

表2-10　自我性格改进方法和计划

重要性排序	可以改变的缺点	改进的方法和计划
1		
2		
3		
4		
5		
6		
7		
8		
9		

（2）将来在哪一方面发展，你会比他人更有前途？你如何保持这方面的优势？

2.7　评价反馈

请扫描二维码获取评价工作单，完成评价任务。

| 个人自评表 | 小组内互评表 | 小组间互评表 | 老师评价表 |

💬 课后任务

1. 每日三省吾身

每天睡觉前回想一下自己今天的思路和行为：哪些思路和行为体现了你的优点，使你感到开心或充实，或对你的职业发展有好的影响？哪些思路和行为暴露了你的缺点，使你受到了挫折或打击，或对职业发展有坏的影响？列出你的反思改进计划。

2. 实践应用效果评价

实践应用效果评价表如表2-11所示。

表2-11　实践应用效果评价表

实践应用计划概要	关键行动说明	执行起止时间	实际执行情况	效果反馈	监督人签名

执行人（签名）：　　　　　　　　　　评价时间：

模块三 心理素质拓展训练

　　心理素质是人的整体素质的组成部分，是以自然素质为基础，在后天环境、教育、实践活动等因素的影响下逐步发展起来的。心理素质受先天因素和后天因素的共同影响，是情绪内核的外在表现。积极心态与消极心态的关系，正如太极图中阴与阳的关系，积极心态好比阳，消极心态好比阴：阴中有阳，阳中有阴，对立统一，相互转化。人在白天工作或学习时，就应积极行动起来，全力拼搏，尽量把事情做好。在工作和学习之余，珍惜人生的每分每秒，多读书、读好书，全面学习，不断提高自己。

　　消极心态与积极心态的力量都是强大的，可使人成功，也可让人失败。成功属于那些既拥有积极心态，又善于创新的人。

引导故事

> ### 解国王的梦
> 　　古时候有一位国王，梦见山倒了，水枯了，花也谢了，便叫王后给他解梦。王后说："大事不好。山倒了，指江山要倒；水枯了，指民众离心，君是舟，民是水，水枯了，舟也不能行了；花谢了，指好景不长了。"国王惊出一身冷汗，从此患病，病越来越重。一位大臣参见国王，国王在病榻上说出了他的心事，哪知大臣一听，大笑说："太好了，山倒了指从此天下太平；水枯了指真龙现身，国王，您是真龙天子；花谢了，花谢见果子呀！"国王全身轻松，很快痊愈。
>
> ### 一只蜘蛛和三个人
> 　　雨后，一只蜘蛛艰难地向墙上已经支离破碎的蛛网爬去，由于墙壁潮湿，它爬到一定的高度，就会掉下来，它一次次地向上爬，又一次次地掉下来……
> 　　第一个人看到了，他叹了一口气，自言自语："我的一生不正如这只蜘蛛吗？忙忙碌碌而无所得。"于是，他日渐消沉。
> 　　第二个人看到了，他说："这只蜘蛛真愚蠢，为什么不从旁边干燥的地方爬上去？我以后可不能像它那样愚蠢。"于是，他变得聪明起来。
> 　　第三个人看到了，他立刻被蜘蛛屡败屡战的精神感动了，于是，他变得坚强起来。
> 　　**思考：**
> 　　你从这两个故事中受到什么启发？

项目 4 ｜ 积极心态训练

学习目标

学习目标如表 3-1 所示。

表 3-1　学习目标

学习目标	关键成果
1. 培养积极心态：通过训练活动，认识到积极心态在面对挑战和困难时的重要性，并学会如何在不同的情境下保持积极、乐观的态度 2. 增强抗压能力：通过训练提升面对压力时的心理承受能力，学会在逆境中调整心态，寻找解决问题的办法 3. 促进自我认知：通过训练过程中的反思和总结，深入地了解自己的心态、行为和情绪，从而更有效地调整和管理自己 4. 培养解决问题的能力：通过训练体验，学会在面临问题时冷静分析、积极寻找解决方案，提升解决问题的能力	1. 掌握心态转变技巧，学会更有效地调整和管理自己，从而在日常生活和工作中更加自信和从容 2. 提升抗压能力，学会在压力下保持冷静、理智 3. 深化自我认知，更深入地了解自己的心态、行为和情绪 4. 提升问题解决能力，在训练中锻炼自己的问题解决能力 5. 完成自我积极心态建设的计划

学习任务

1. 任务描述

老师通过心态状况测验，认识和了解学生的心理状况。根据测验结果，改进训练活动设计。训练活动的体验，有助于学生自主发现影响人们成功的两大心理障碍；通过训练经验分享与总结，引导学生找到建立积极心态的方法和路径。

2. 任务分析

（1）重点

通过体验式训练，学生发现影响人们成功的两大心理障碍，找到建立积极心态的方法和路径。

（2）难点

学生能找到建立积极心态的方法和路径，并在生活和学习中不断地应用。

积极心态的训练方法　　提高自信心的理论基础与操作方法

3. 素质养成

（1）通过训练，学生认识到积极心态的重要性。

（2）培养学生勇于挑战、敢于尝试的精神，激发其内在潜能。

（3）让学生学会保持冷静、分析原因、寻找解决方案，从而培养意志力。

（4）以中华优秀传统文化引领学生树立积极的人生观和价值观。

▶ 课前任务

心态状况测验

请扫描右侧二维码参加心态状况测验。

测验完成后，请你参照二维码中的得分对照计算你的测验得分，然后请扫描二维码查看结果解释。

大学生心态状况测验　心态状况测验结果说明

▶ 课中任务

任务1　突破心理障碍训练：水杯加物

水杯加物是一个室内的心理素质拓展训练项目，通过这项训练，学生可以更好地认识到彼此的优点和不足，提升团队协作能力，为迎接未来更大的挑战做好准备。在训练中，首先要突破自我心理障碍，学会如何与他人协作、沟通和创新，以克服各种困难和挑战。

1.1　训练前的准备与规则说明

（一）训练前的准备

（1）一般将学生分为4～6组，每组8～12名学生。

（2）训练道具准备如表3-2所示。

表3-2　训练道具准备

序号	材料名称	数量	备注
1	回形针	300个左右	也可以用小铁钉、豆子等物品替代
2	一次性塑料杯子或玻璃杯	2个	杯子容量为200～300毫升，杯子高度为7.5～10厘米
3	课桌	1张	用于放水杯等道具
4	扑克牌	1副	用于抽签决定小组出场顺序

（3）老师将2个装有大半杯水的水杯、300个左右的回形针放置在课桌上。

（二）训练规则及实施说明

（1）用扑克牌确定各小组出场次序。

（2）抽到扑克牌A的小组，任务是：用一个水杯往另一个水杯里倒水，不溢出，加40分；若水溢出，则扣30分。

（3）抽到扑克牌2的小组，任务是：往水杯里加回形针，小组内协商确定加回形针的数量n_1，水不溢出，则加50分，前一组已经得到的40分扣除；若水溢出，则扣40分。

（4）抽到扑克牌3的小组，任务是：继续往水杯里加回形针，小组内协商确定加回形针的数量n_2（$n_2 \geqslant 2n_1$），水不溢出，则加60分，前一组已经得到的50分扣除；若水溢出，则扣50分。

（5）抽到扑克牌4的小组，任务是：继续往水杯里加回形针，小组内协商确定加回形针的数量

n_3（$n_3 \geqslant 2n_2$），水不溢出，则加70分，前一组已经得到的60分扣除；若水溢出，则扣60分。

（6）抽到扑克牌5的小组，任务是：继续往水杯里加回形针，小组内协商确定加回形针的数量 n_4（$n_4 \geqslant 2n_3$），水不溢出，则加80分，前一组已经得到的70分扣除；若水溢出，则扣70分。

（7）老师先数出剩余回形针的数量N，然后各组猜测剩余回形针的数量n_5，说出回形针数量最多的（$n_5 \leqslant N$）小组参与最后一轮训练，任务是：继续往水杯里加回形针，数量为n_5（$n_5 \leqslant N$），水不溢出，则加90分，前一组已经得到的80分扣除；若水溢出，则扣70分。

（8）加水任务标准

① 请全组学生来到课桌前，围坐在课桌四周，保护现场，避免水杯晃动导致水洒出来。

② 组长确定执行加水任务的组员及出场顺序，并指派一名组员作为文化宣传员拍照或录像。

③ 组员依次执行加水任务（可以借助一些其他工具，如勺子、竹签等），同时其他组员们观察并提醒，任务执行时间不超过5分钟。

④ 全组协商确定是否继续加水，确定不继续时请老师和其他组的组员确认水是否溢出，并拍照记录。

（9）加回形针任务标准

① 请全组学生来到课桌前，围坐在课桌四周，保护现场，避免水杯晃动导致水洒出来。

② 组长确定执行加回形针任务的组员及出场顺序，并指派一名组员作为文化宣传员拍照或录像。

③ 组员依次执行加回形针任务（不可以擅自改变回形针的形状），同时组员们观察并提醒，任务执行时间一般不超过5分钟。

④ 老师和其他组的组员确认水是否溢出，并拍照记录。

（三）任务分配

各组任务分配表如表3-3所示。

表3-3　各组任务分配表

班级：　　　　　　　　组号：　　　　　　　　指导老师：

组长：　　　　　　　　学号：

组员				任务分工
姓名	学号	姓名	学号	

1.2 训练体验

各组学生遵守训练规则, 依次主动积极地参与训练活动。

1.3 感受记录

任务工作单1

(1) 抽签前, 你觉得你所在小组第几个出场比较有利? 你所在小组抽签后, 你感觉如何? 你们商量制订了什么策略或计划呢?

(2) 当你所在小组抽到了扑克牌A, 老师说你们的任务是尽可能地把杯子装满水, 确保水不溢出, 你认为这个任务是简单还是困难? 你想到用什么方法可以往杯中多加水了吗? 你是否担心水会溢出来呢? 你愿意执行加水任务吗?

(3) 当你看到某组执行加水任务时, 你是怎么想的? 当你看到杯中水接近或溢出杯口时, 你是什么心情? 你认为还能不能往水杯中加回形针等物品, 你认为能加几个? 你想放弃吗?

(4) 当你所在小组执行加回形针的任务成功时, 你的心情是怎样的? 当你看到后一组执行加回形针任务成功时你又是什么心情? 你有没有抱怨自己太胆小? 你有没有抱怨某位队友太保守? 你有没有被队友抱怨呢?

(5) 在老师宣布还有比赛时, 你的心情是怎样的? 你是否愿意冒险去挑战一下? 你认为当时水杯内还能加多少个回形针（或其他物品）？你有什么顾虑吗？你所在小组的意见统一吗？是谁最终拍板决定参加比赛或放弃的？

（6）在训练结束后，你所在小组得了多少分？你的心情是怎样的？你是否认为这个训练规则不公平？

1.4 感受分享

老师鼓励学生自愿发言，或挑选部分学生分享（学生应到讲台上发言），老师应肯定学生发言中积极的一面，引导学生思考、讨论，并根据发言的质量给学生加分。

若你有发言的灵感或想法，请将它记录在下面。

1.5 经验总结

📠 | **任务工作单 2** |

（1）结合自身的性格特点，对照你在训练过程中的行为表现，你对自己有哪些认识和思考？你有哪些进步的表现？哪些方面表现得还不够好？你的心态积极吗？

（2）闭目回顾此次训练经历，你在训练中的表现是否和你在过往生活中的表现很相似？你有没有发现阻碍你实现成功、追求幸福的心理障碍呢？你发现的心理障碍具体是什么？

（3）你打算如何克服你发现的心理障碍？如何树立阳光积极的心态？具体的方法和路径有哪些？

1.6 实践应用

| 任务工作单3

基于本次训练，你认为应如何克服你的心理障碍，培养积极的心态？请遵循SMART原则制订可行的实施计划。请扫描二维码完成实践作业。

实践作业

1.7 评价反馈

请扫描二维码获取评价工作单，完成评价任务。

个人自评表　　小组内互评表

小组间互评表　　老师评价表

任务2　发现自己的优点或长处：糖豆

糖豆是一个室内的心理素质拓展训练项目，有助于学生通过给予和接受赞扬建立良好的人际关系，养成赞美别人的好习惯，收获更多赞美，更加自信，也有利于学生开发潜能。

2.1　训练前的准备与规则说明

（一）训练前的准备

训练道具准备如表3-4所示。

表3-4　训练道具准备

序号	材料名称	数量	备注
1	A4白纸或便利贴	A4白纸100张左右或便利贴3～5本	无
2	签字笔或圆珠笔	要求学生自带，老师预备5～10支	无

（二）训练规则及实施说明

（1）给每个人5分钟的时间，让他们如实地对团队成员写出尽可能多的赞扬（赞扬就是糖豆，可以匿名书写），这些赞扬可以是程度较浅的（你的领带真不错，你的衣服和你很相称，等等），也可以是程度较深的。需注意的是，在相互交换写给对方的赞扬时，必须进行目光交流。

（2）直到所有的团队成员把"糖豆"都给了别人时，收到"糖豆"的人才可以坐下并打开自己收到的"糖豆"。

（3）所有团队成员评价一下现场的气氛。

（4）老师在向团队成员发出信号让他们打开自己手中的"糖豆"前，向他们提问："你们中有多少个人从某个你们从未给过'糖豆'的人那里收到了'糖豆'？""你们对此感觉如何？"

2.2　训练体验

学生遵守训练规则，依次、主动积极地参与训练活动。

2.3　感受记录

任务工作单1

（1）你是否自愿、积极主动地参与这个训练活动？你认为"送糖豆"这个任务困难吗？

（2）你最想把"糖豆"给哪些人？给出时的心情如何？

（3）你把"糖豆"给接收者时，与对方是否有目光、肢体接触？你此刻的感受如何？

（4）当所有同学都收到了"糖豆"，老师说可以打开它时，团队成员的反应是怎样的？你的心情是怎样的？整个团队的氛围又是怎样的？

（5）你是否收到了某人的"糖豆"但之前并没有给对方"糖豆"？如果是，你的心情如何？

2.4　感受分享

老师鼓励学生自愿发言，或挑选部分学生分享（学生应到讲台上发言），老师应肯定学生发言中积极的一面，引导学生思考、讨论，并根据发言的质量给学生加分。

若你有发言的灵感或想法，请将它记录在下面。

2.5　经验总结

任务工作单 2

（1）结合自身的性格特点，对照你在训练过程中的行为表现，你对自己有哪些认识和思考？你有哪些进步的表现？哪些方面表现得还不够好？你的心态积极吗？

（2）请你闭目回顾此次训练经历，你在训练中的表现是否和你在过往生活中的表现很相似？

（3）你打算如何克服消极心态的影响？如何培养积极心态？具体的方法和路径有哪些？

2.6　实践应用

任务工作单 3

　　基于本次训练，你认为应如何发现自己的优点或长处？请扫描二维码完成实践作业。

实践作业

2.7　评价反馈

请扫描二维码获取评价工作单，完成评价任务。

个人自评表　　　　小组内互评表

小组间互评表　　　　老师评价表

课后任务

1．实践应用记录

　　请你每天至少赞美10个身边的人，每次赞美都要找到恰当的赞美点，请你记录下你赞美的人、赞美的言语措辞及被赞美者的反应，若有不妥请修改你的赞美措辞，在下次见面时再赞美。

2. 实践应用效果评价

实践应用效果评价表如表3-5所示。

表3-5　实践应用效果评价表

实践应用 计划概要	关键行动说明	执行起止时间	实际执行情况	效果反馈	监督人签名

执行人（签名）：　　　　　　　　　　　评价时间：

项目 5 ｜自信心训练

学习目标

学习目标如表3-6所示。

表3-6　学习目标

学习目标	关键成果
1. 增强自我认知：通过活动，更加清晰地认识自己的优点、缺点、价值观和目标 2. 建立积极的自我形象：认识到自己的独特性，学会积极评价自己，从而形成更加健康的自我形象 3. 提升自信心：通过实践和挑战，体验到成功的喜悦，进而增强自信心 4. 掌握自信技巧：掌握一些实用的自信心建立技巧，如深呼吸、正面思考、积极的身体语言等	1. 能够准确描述自己的优点和缺点，并据此制订个人发展计划 2. 在面对挑战时，能够运用自信技巧增强自己的信心和应对能力 3. 在团队合作中，能够积极表达自己的观点，为团队贡献自己的力量 4. 在日常生活和学习中，能够自信地面对各种情境，有效解决问题 5. 完成自我自信心提升的计划

学习任务

1. 任务描述

老师通过自信心测试，认识和了解学生的心理状况。根据测试结果，改进训练活动设计。训练活动的体验，有助于学生自主发现自卑、自负对人生的不利影响；通过训练经验分享与总结，引导学生找到建立自信心的方法和路径，制订个人发展计划，并定期进行反思和调整。

2. 任务分析

（1）重点

自信心训练的重点在于帮助参与者建立积极的自我认知和评价，掌握有效的自信心建立技巧。参与者需要全身心地投入活动，积极参与挑战，勇于面对自己的不足。

（2）难点

对于一些习惯了消极自我评价或者面临较多挫败的参与者来说，建立自信心可能是一个艰难的过程，他们可能需要更多的时间和支持来逐渐改变自我认知和对自己的评价方式。因此，老师和团队成员的鼓励和支持尤为重要。

提高自信心的理论基础与操作方法见右侧二维码。

提高自信心的理论
基础与操作方法

3. 素质养成

（1）通过训练，学生认识到自信心对人的重要性。

（2）以中华优秀传统文化引领学生树立积极的人生观和价值观。

（3）培养学生的爱国情怀和社会责任感。

课前任务

自信心测试

请扫描二维码参与测试。表3-7为计分标准对照表。

自信心测试

表3-7　计分标准对照表

题目序号	计分标准		题目序号	计分标准	
（1）	是=0	否=1	（16）	是=1	否=0
（2）	是=1	否=0	（17）	是=1	否=0
（3）	是=0	否=1	（18）	是=1	否=0
（4）	是=1	否=0	（19）	是=1	否=0
（5）	是=1	否=0	（20）	是=0	否=1
（6）	是=0	否=1	（21）	是=0	否=1
（7）	是=0	否=1	（22）	是=0	否=1
（8）	是=0	否=1	（23）	是=0	否=1
（9）	是=0	否=1	（24）	是=0	否=1
（10）	是=1	否=0	（25）	是=0	否=1
（11）	是=0	否=1	（26）	是=0	否=1
（12）	是=1	否=0	（27）	是=0	否=1
（13）	是=0	否=1	（28）	是=0	否=1
（14）	是=1	否=0	（29）	是=0	否=1
（15）	是=1	否=0	（30）	是=0	否=1

课中任务

任务1　增强自信心训练之自我暗示：我是最棒的

自我暗示是通过自我鼓励和暗示提高个人的自信心的训练项目。学生分为3～6个小组，每组8～12人围成一个圆圈。训练开始后，学生先后用双手与左右两边的同学击掌，再拍手，面对本组同学说出"我是最棒的"。

1.1 训练前的准备与规则说明

（一）训练前的准备

（1）一间有活动桌椅的多媒体教室或室外相对安静、平坦的操场。

（2）学生平均分成3～6组，每组8～12人（建议人数为偶数）。

（二）训练规则及实施说明

（1）每组围成一个圆圈（相邻两名学生间隔约1米），等待训练开始。

（2）训练开始，每位学生首先用双手与左侧同伴击掌，并齐声喊出"1"；随后以同样方式转向右侧，与右侧同伴击掌，并再喊出"1"；最后，拍手，高喊"我"。

（3）用双手与左侧同伴击掌2次，喊出"1、2"；随后与右侧同伴双手击掌2次，喊出"1、2"；拍手2次，同时大声喊出"我是"。

（4）用双手与左侧同伴击掌3次，喊出"1、2、3"；随后与右侧同伴双手击掌3次，喊出"1、2、3"；拍手3次，同时大声喊出"我是最"。

（5）用双手与左侧同伴击掌4次，喊出"1、2、3、4"；随后与右侧同伴双手击掌4次，喊出"1、2、3、4"；拍手4次，同时大声喊出"我是最棒"。

（6）用双手与左侧同伴击掌5次，喊出"1、2、3、4、5"；随后与右侧同伴双手击掌5次，喊出"1、2、3、4、5"；拍手5次，同时大声喊出"我是最棒的"，昂首挺胸，举手攥拳，整齐激动地呼喊出"耶"。

（三）任务分配

各组任务分配表如表3-8所示。

表3-8 各组任务分配表

班级： 组号： 指导老师：

组长： 学号：

组员				任务分工
姓名	学号	姓名	学号	

1.2 训练体验

在训练开始前本组学生先训练5分钟，节奏由慢逐渐变快。训练结束后老师宣布活动开始，学生遵循训练规则及实施说明进行训练。

1.3 感受记录

任务工作单1

（1）在训练开始前，你觉得自己有可能成为最棒的吗？为什么？

（2）在训练阶段，你认为这个任务难吗？你当时的心情是怎样的？

（3）当训练活动正式开始后，你认为自己表现得怎么样？你的心情和表情是怎样的？

（4）你同组的伙伴给了你什么回应？

1.4 感受分享

老师鼓励学生自愿发言，或挑选部分学生分享（学生应到讲台上发言），老师应肯定学生发言中积极的一面，引导学生思考、讨论，并根据发言的质量给学生加分。

若你有发言的灵感或想法，请将它记录在下面。

1.5　经验总结

 ┃ **任务工作单 2**

（1）结合自身的性格特点，对照你在训练过程中的行为表现，你对自己有哪些认识和思考？你有哪些进步的表现？哪些方面表现得还不够好？你的心态积极吗？

（2）通过这个训练，你对自己有哪些新的认识或发现？你觉得自己在哪些方面做得很好，需要继续保持？

（3）你觉得这个训练给你带来了哪些收获？你打算如何克服影响自信的心理因素？如何培养自信心？具体的方法和路径有哪些？

1.6　实践应用

 ┃ **任务工作单 3**

基于本次训练，你认为应如何克服影响自信的心理因素，培养你的自信心？请遵循 SMART 原则制订可行的实施计划。请扫描右侧二维码完成实践作业。

实践作业

1.7 评价反馈

请扫描二维码获取评价工作单，完成评价任务。

个人自评表

小组内互评表

小组间互评表

老师评价表

任务2 增强自信心训练："吹牛"比赛

"吹牛"比赛是一种轻松有趣的竞赛，参赛者通过讲述各种夸张、离奇或幽默的故事展示他们的优点。讲述得越离谱、丰富、完整、连贯越好，每人讲述时间在1分钟左右。

2.1 训练前的准备与规则说明

（一）训练前的准备

（1）一间有活动桌椅的多媒体教室或室外相对安静、平坦的操场。

（2）学生平均分成5～6组，每组8～12人（每组人数为偶数），并给每组学生编号。

（二）训练规则及实施说明

（1）每组排成两列，如图3-1所示，学生两两对立，编号1、2、3、4、5的学生先"吹牛"，编号6、7、8、9、10的学生后"吹牛"，然后相互评分，满分100分。评分表如表3-9所示。

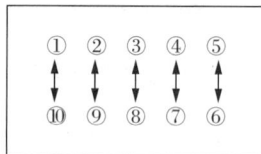

图3-1 排列示意图（1）

（2）调整次序，如图3-2所示，编号10、1、2、3、4的学生先"吹牛"，编号5、6、7、8、9的学生后"吹牛"，然后相互评分，满分100分。

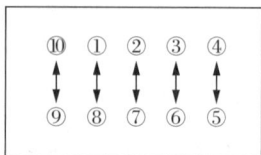

图3-2 排列示意图（2）

（3）调整次序，如图3-3所示，编号9、10、1、2、3的学生先"吹牛"，编号4、5、6、7、8的学生后"吹牛"，然后相互评分，满分100分。

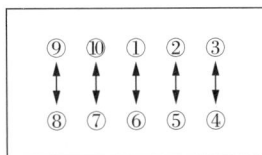

图3-3 排列示意图（3）

（4）调整次序，如图3-4所示，编号8、9、10、1、2的学生先"吹牛"，编号3、4、5、6、7的学生后"吹牛"，然后相互评分，满分100分。

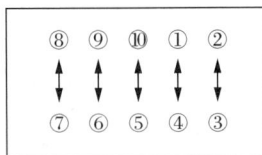

图3-4 排列示意图（4）

（5）调整次序，如图3-5所示，编号7、8、9、10、1的学生先"吹牛"，编号2、3、4、5、6的学生后"吹牛"，然后相互评分，满分100分。

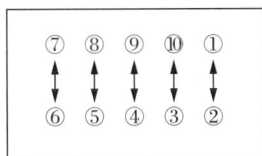

图3-5 排列示意图（5）

（6）按评分表计分，每组评选出1名平均分最高的学生来到教室中央，参加冠军争夺战。入围学生两两相对，每组派1名学生与老师组成裁判团。

（7）讲述者不准自黑自嘲，倾听者要进行积极的回应，比如说"你真是太棒了""我相信你"，也可以使用肢体语言，比如竖起拇指，切忌嘲讽或贬低正在"吹牛"的学生。

表3-9 "吹牛"比赛评分表

被评分者姓名	说出的优点数量多（满分30分）	语言表达形象（满分30分）	表情夸张、肢体语言丰富（满分20分）	讲述时长充足（满分10分）	语言表达连贯（满分10分）

（三）任务分配

各组任务分配表如表3-10所示。

表3-10　各组任务分配表

班级：　　　　　　　　　　组号：　　　　　　　　　　指导老师：

组长：　　　　　　　　　　学号：

组员				任务分工
姓名	学号	姓名	学号	

2.2　训练体验

任务工作单1

（1）你是否清楚本次训练活动的步骤和规则呢？

（2）你内心如何看待"吹牛"的人？

2.3　感受记录

任务工作单2

（1）你是否自愿、积极主动地参与这个训练活动？你认为这个任务难吗？你做了什么准备？

（2）当轮到你"吹牛"时，你认为自己表现得怎么样？你的心情和表情是怎样的？你的搭档给了你什么回应？你是享受"吹牛"还是有些尴尬或羞涩呢？

（3）你的搭档给了你什么回应？当你的搭档肯定你的观点时，你的心情是怎样的？当你的搭档没有反应或有负面反应时，你想放弃吗？

（4）你在多轮"吹牛"过程中，你"吹牛"的话术是一成不变的，还是不断变换、不断丰富的？你的自信心有什么变化？

（5）当你看到你所在小组平均分最高的学生参加冠军争夺战时，你是什么心情？

2.4 感受分享

老师鼓励学生自愿发言，或挑选部分学生分享（学生应到讲台上发言），老师应肯定学生发言中积极的一面，引导学生思考、讨论，并根据发言的质量给学生加分。

若你有发言的灵感或想法，请将它记录在下面。

2.5 经验总结

任务工作单3

（1）结合自身的性格特点，对照你在训练过程中的行为表现，你对自己有哪些认识和思考？你有哪些进步的表现？哪些方面表现得还不够好？你的心态积极吗？

（2）请你闭目回顾此次训练经历，你在训练中的表现是否和你在过往生活中的表现很相似？你有没有发现造成你不够自信的因素呢？造成不自信的因素具体是什么？

（3）你打算如何克服影响自信的心理因素？如何培养自信心？具体的方法和路径有哪些？

2.6　实践应用

任务工作单4

基于本次训练，你认为应如何克服影响自信的心理因素，培养你的自信心？请遵循SMART原则制订可行的实施计划。请扫描右侧二维码完成实践作业。

实践作业

2.7　评价反馈

请扫描二维码获取评价工作单，完成评价任务。

| 个人自评表 | 小组内互评表 | 小组间互评表 | 老师评价表 |

课后任务

实践应用效果评价

实践应用效果评价表如表3-11所示。

表3-11　实践应用效果评价表

实践应用 计划概要	关键行动说明	执行起止时间	实际执行情况	效果反馈	监督人签名

执行人（签名）：　　　　　　　　　　评价时间：

项目6 | 感恩、宽容与关爱训练

学习目标

学习目标如表3-12所示。

表3-12 学习目标

学习目标	关键成果
1. 了解感恩、宽容与关爱的重要性，以及它们在个人成长和社会关系中的积极作用 2. 学会如何表达感恩、宽容和关爱，并将其应用于实际生活中 3. 培养积极的心态和情感，增强对他人的信任和尊重，提高人际交往能力	1. 掌握感恩、宽容和关爱的表达方式：通过参与小组讨论、角色扮演等活动，了解并掌握如何用语言和行动表达感恩、宽容和关爱 2. 建立良好的人际关系：通过实践感恩、宽容和关爱，与他人建立更亲密的关系，增强对他人的信任和尊重 3. 培养积极心态：通过感恩、宽容和关爱的训练，培养积极的心态，减少负面情绪的影响，提高自我控制能力 4. 实现个人成长：将感恩、宽容和关爱应用于实际生活中，实现个人成长，增强自信心和幸福感

学习目标

1. 任务描述

通过训练和反思，学生学会感恩、宽容与关爱。根据测试结果，改进训练活动设计。训练活动的体验，能使学生自主发现影响人际关系的心理障碍，通过训练经验分享与总结，引导学生找到建立感恩、宽容与关爱心态的方法和路径。

2. 任务分析

（1）重点

通过体验式训练，发现影响人际关系的心理障碍，学会感恩、宽容与关爱。

（2）难点

学生能把感恩、宽容和关爱当成习惯，并在生活和学习中不断地应用。

感恩与宽容的哲学原理
与修炼路径

3. 素质养成

（1）通过训练，学生认识到自己心态和性格上的不足，促进养成感恩、宽容和关爱的习惯。

（2）让学生通过反思、沟通交流，认识到换位思考、真诚负责是信任的前提。

（3）让学生通过反思、讨论，认识到学会感恩、宽容和关爱才能构建更好的人际关系。

📢 课前任务

1. 阅读与"感恩、宽容与关爱"相关的书籍

（1）《爱的教育》；作者：亚米契斯；出版社：西安交通大学出版社；出版时间：2015年；ISBN：978-7-5605-7440-0。

（2）《感恩的奇迹》；作者：M.J.瑞安；出版社：中国科学技术出版社；出版时间：2024年；ISBN：978-7-5236-0257-7。

（3）《感恩日记》；作者：贾尼丝·卡普兰；出版社：新世界出版社；出版时间：2016年；ISBN：978-7-5104-6046-3。

（4）《宽容》；作者：亨德里克·威廉·房龙；出版社：北京联合出版公司；出版时间：2015年；ISBN：978-7-5502-4593-8。

（5）《爱与感恩》；作者：马龙飞；出版社：青岛出版社；出版时间：2022年；ISBN：978-7-5552-5369-3。

（6）《够得着的幸福》；作者：石卉；出版社：中国海洋大学出版社；出版时间：2020年；ISBN：978-7-5670-2529-5。

如果你在图书馆没有找到上述6本书，也可以阅读其他关于"感恩、宽容与关爱"的书籍。

2. 思考答题

你认为什么是感恩、宽容与关爱？在你的生活、学习、社会实践中或今后的工作、创业中，你认为感恩、宽容与关爱能发挥什么作用？

📢 课中任务

任务1　感恩心态训练：坎坷人生路

坎坷人生路是一种模拟人生挑战和困境的体验式训练。在这个训练中，参与者需要戴上眼罩，模拟盲人的状态，然后在队友的指引下，通过布满障碍的路线。这个训练的目的是让参与者体验生活中的困难和挑战，培养团队协作、沟通、信任和责任感等能力与感受。

在训练开始前，参与者会被分成若干小组，每个小组需要选举出一位"眼睛"，这位"眼睛"的任务是观察整个路线，并指导队友安全通过（不能用语言沟通）。在训练过程中，参与者需要相互扶持、沟通协作，共同克服障碍，完成挑战。这一训练不仅是一次身体上的挑战，更是一次心灵的洗礼。通过这个训练，参与者可以深刻体验到生活中的不易和困难，更加珍惜眼前的生活和身边的人。同时，这个训练也能够帮助参与者提升自我认知，认识到自己的潜力和能力，增强自信心和勇气。

1.1　训练前的准备与规则说明

（一）训练前的准备

（1）老师提前选出几名安全防护员，并对安全防护员进行培训和任务分工。

（2）老师带领安全防护员提前1小时进行行走路线设计和场地布置。

（3）老师指挥学生自愿分组，2人一组，1名学生为"眼睛"，另1名学生为"盲人"。

（4）训练道具准备如表3-13所示。

表3-13　训练道具准备

序号	材料名称	数量	备注
1	眼罩	20副	无
2	音响	2个	一前一后，播放音乐《感恩的心》
3	窗帘	若干	如果在白天进行，需要用窗帘遮光

（5）场地准备

如果在室外，在保证安全的情况下，选择有高低起伏的小山丘、丛林、草地，徒步行走，如果天气不好则在室内。需要准备桌椅板凳、竹竿或木棍、杂物等，组成各种需要攀、爬、钻的障碍。老师和安全防护员需要提前勘测确定户外行走路线。

（6）安全提醒

告知学生要穿运动休闲装，不要穿高跟鞋和裙子。在参与训练时学生必须承诺对搭档负责，并签订安全承诺书，不能在训练中开玩笑或戏弄人，避免对搭档造成意外伤害。在训练开始前老师和安全防护员要对行走路线和各种道具进行安全检查，准备好医用急救包以备不时之需。

（二）训练规则及实施说明

（1）学生按2人一组进行分组，其中一人被蒙上眼睛扮演"盲人"（训练过程中不允许取下眼罩），另一人做"眼睛"（不能用语言提醒被蒙上眼睛的人）。

（2）《感恩的心》音乐响起，"眼睛"引领搭档穿越障碍，各小组依次通过。老师注意控制各组之间的间距，避免发生碰撞；安全防护员在可能有危险的地方观察，非必要不协助、不发声、不干扰。

（3）等所有"盲人"被"眼睛"带出后，要求"盲人"赶紧记录下训练感受，同时安全防护员迅速对路线进行更改，对路障进行调整。

（4）小组成员互换角色，再进行一遍。

（三）任务分配

各组任务分配表如表3-14所示。

表3-14　各组任务分配表

班级：　　　　　　　　　　组号：　　　　　　　　　　指导老师：

组长：　　　　　　　　　　学号：

组员				任务分工
姓名	学号	姓名	学号	

组员				任务分工
姓名	学号	姓名	学号	

1.2 训练体验

任务工作单1

（1）训练开始前你是否清楚"坎坷人生路"的训练步骤？请简述该训练的步骤。

（2）你是否清楚"坎坷人生路"的安全注意事项？请简述该训练的安全注意事项。

（3）训练开始前，老师让所有学生自愿分组，你的心情如何？你是否愿意为你搭档的一切安全负责？你准备怎么做？

（4）在训练过程中，你遇到了什么困难？是否发生了意外？你是如何应对的？

（5）当你与搭档互换角色后，你遇到了什么困难？是否发生了意外？你是如何应对的？

1.3 感受记录

| **任务工作单 2**

（1）当你被蒙上眼睛，在搭档的带领下穿越障碍区时，你的心情如何？

（2）你在行进过程中是否发生了意外呢？发生了什么？你的反应是什么？你对搭档的信任是增强了还是减弱了？

（3）作为"眼睛"，你在牵引搭档穿越障碍区时，是否能做到保护他的安全？你是否真正地换位思考了？如果发生了意外，你将怎么做？你的心情如何？

（4）在训练过程中，音乐《感恩的心》对你的影响是什么？你的内心发生了什么改变？

（5）作为安全防护员，你看到同学们穿越障碍区时，你是什么心情？你是否尽到了自己的职责？你是否及时发现了潜在风险？你发现了什么潜在风险？你是如何保证训练安全顺利进行的？

1.4 感受分享

老师鼓励学生自愿发言，或挑选部分学生分享（学生应到讲台上发言），老师应肯定学生发言中积极的一面，引导学生思考、讨论，并根据发言的质量给学生加分。

若你有发言的灵感或想法，请将它记录在下面。

1.5 经验总结

| 任务工作单 3 |

（1）对比自己的性格完善计划，你在此次训练中是否有改变呢？

（2）通过本次训练，你想到了哪些人的默默付出和帮助使你的人生成长之路比较顺利？你此刻最想对他们说什么、做什么？

（3）通过此次训练，你认为什么是感恩？为什么要宽容？为什么要关爱家人、朋友、同学等身边的人？感恩、宽容和关爱对我们构建和谐的人际关系有什么重要的作用和意义呢？

1.6 实践应用

| 任务工作单 4 |

（1）通过本次训练，你发现自己在感恩、宽容和关爱等方面有哪些不足？

（2）通过本次训练，结合自己的性格，你认为应该如何把感恩、宽容和关爱变成自己的习惯？你该如何对待自己的亲人、朋友和同学？请遵循SMART原则制订可行的自我完善计划。请扫描右侧二维码完成实践作业。

实践作业

1.7　评价反馈

请扫描二维码获取评价工作单，完成评价任务。

个人自评表	小组内互评表	小组间互评表	老师评价表

任务2　宽容与关爱训练：笑对小错

在事业上越有成就或者对自己要求越高的人，往往越容易钻牛角尖，对自己或同事犯的小错也耿耿于怀。这种行为不仅会给自己带来巨大的压力，也会使人际关系紧张，对工作无益。笑对小错这个训练的目的是让学生面对自己和他人犯的小错误，学会忽视、化解小错误。适宜参训人数为20～50人，训练时长为15～20分钟。这个训练能让学生学会关爱和宽容他人，提高应变能力，激发创造力。

2.1　训练前的准备与规则说明

（一）训练前的准备

如果天气较好，选择户外操场或平整的草地等场地；如果天气不好，则选择面积大于120平方米的室内场地，需有活动桌椅和多媒体教学设备。

（二）训练规则及实施说明

（1）让所有学生围成半圆形，按顺序报数，使每个人都有一个号码。

（2）由1号学生叫出某一个人的号码，如10号；被叫到的人（如10号）立即叫出另一个人的号码，如5号；被叫到的人又很快叫出另一个人的号码，依此类推。在这个过程中，不能叫自己的号码或叫上一个人的号码。

（3）反应时间超过3秒或叫错号码的人出列举起右手大声喊"对不起，我错了"，其他人说"没关系，继续努力"。出错的人的号码若是单数就移到队首，若是双数则移到队尾。此时队伍重新编号，训练重新开始。

2.2 训练体验

请遵守笑对小错的训练规则和老师的指令，积极主动地参加本次训练活动。

2.3 感受记录

| 任务工作单 1 |

（1）训练开始前你认为这个训练的难易程度是怎样的？你是否担心自己会犯错？你有什么应对的策略或方法呢？

（2）在训练过程中，你是否犯过错误，你的感受是怎样的？当队员们给你回应"没关系，继续努力"时，你的心情有什么变化？

（3）在训练过程中，你看到别人犯错误时的反应和感受是怎样的？你有没有积极主动地给予他关心呢？其他没犯错的队员的反应是什么，嘲笑、轻视、漠不关心，还是同情、关切？

2.4 感受分享

老师鼓励学生自愿发言，或挑选部分学生分享（学生应到讲台上发言），老师应肯定学生发言中积极的一面，引导学生思考、讨论，并根据发言的质量给学生加分。

若你有发言的灵感或想法，请将它记录在下面。

2.5 经验总结

| 任务工作单 2 |

（1）在生活和社会实践中，当你犯错（即使是对生活和工作没有影响的小失误）时，你通常的反应是什么（A.很快原谅自己；B.不能容忍地抱怨自己；C.抱怨外在客观环境条件；D.抱怨他人；

E.直面小错勇敢前进）？

（2）在本次训练活动中，你认为该采取哪些措施避免不断地犯错？请分享你的经验。

（3）在生活和社会实践中，你如何分辨大错与小错？你的判断标准是什么？

2.6　实践应用

任务工作单3

（1）通过本次训练，你发现自己在宽容和关爱等方面有哪些不足？

（2）通过本次训练，结合自己的性格，你认为应该如何把宽容和关爱变成自己的习惯？你该如何对待自己的亲人、朋友和同学？请遵循SMART原则制订可行的自我完善计划。请扫描二维码完成实践作业。

实践作业

2.7　评价反馈

请扫描二维码获取评价工作单，完成评价任务。

个人自评表　　小组内互评表　　小组间互评表　　老师评价表

课后任务

1. 实践应用记录

在你受到误解、批评、打击而心情不好时，请你选择下述某种活动。

（1）朗读歌曲《感恩》的歌词10遍，或者聆听歌曲《感恩》10遍以上，直到你的心情变好。

（2）找一位心理咨询师，或心态积极的朋友，向他倾诉，直到你的心情变好。

2. 实践应用效果评价

实践应用效果评价表如表3-15所示。

表3-15 实践应用效果评价表

实践应用 计划概要	关键行动说明	执行起止时间	实际执行情况	效果反馈	监督人签名

执行人（签名）：　　　　　　　　　　评价时间：

项目 7 │ 自制力与时间管理训练

学习目标

学习目标如表 3-16 所示。

表 3-16　学习目标

学习目标	关键成果
1．理解自制力和时间管理能力对个人成长和成功的关键作用 2．学习提高自制力的策略和技巧，包括设定目标、优先级排序、避免拖延等 3．掌握有效的时间管理方法，如时间规划、时间监控和时间分配 4．培养良好的时间管理习惯，提高工作效率和生活质量	1．提高自制力：通过练习和应用所学策略，提高自己在面对诱惑时的自制力 2．优化时间管理：有效地规划和管理时间，确保重要任务得到优先处理，减少拖延现象 3．提升工作效率：通过实施有效的时间管理方法，提高工作效率，完成更多任务 4．提高生活质量：将自制力和时间管理能力应用于日常生活，从而提高生活质量、减轻压力和减少焦虑 5．培养正面习惯：培养一系列正面的工作和生活习惯，以支持自制力和时间管理能力的持续提升

学习任务

1．任务描述

老师通过大学生时间管理现状调查，认识和了解学生的时间管理状况。根据调查结果，改进训练活动设计。训练活动的体验，能引导学生发现影响人们成功的障碍；训练经验的分享与总结，能引导学生找到建立积极心态的方法和路径。

提高自制力的理论及训练方法

2．任务分析

（1）重点

通过体验式训练，学生发现影响人们成功的时间利用障碍，掌握时间管理的方法，提高自制力。

（2）难点

学生提高自制力后能在生活和学习中不断地应用。

3．素质养成

（1）通过训练，学生认识到加强时间管理的重要性。

（2）《长歌行》告诫我们光阴似箭、日月如梭，时光一去不复返，所以要在年轻时努力上进，不要在晚年后悔。

课前任务

大学生时间管理现状调查问卷

请扫描右侧二维码参与调查。

大学生时间管理
现状调查

课中任务

任务1　时间管理训练：撕纸话人生

撕纸话人生是个室内的心理素质拓展训练项目，它是关于时间规划与人生收支平衡的训练，用于启发学生的时间管理意识，引导学生为做好职业生涯规划奠定基础。

1.1　训练前的准备与规则说明

（一）训练前的准备

（1）一般将学生分为4～6组，每组8～12名学生。

（2）训练道具准备，具体如表3-17所示。

表3-17　训练道具准备

序号	材料名称	数量	备注
1	A4纸	32～72张	每名学生1张
2	签字笔	37～77支	学生自备1支，老师预备5支

（二）训练规则及实施说明

（1）假设我们的寿命是100岁，请将A4纸沿着长边分为10等份，从左往右分别代表10岁、20岁、30岁……100岁。

（2）你现在几岁？在表示现在的年龄的刻度处画一条垂直于长边的线，沿着刚刚画好的线将左边的纸撕掉，代表着过去的时光一去不复返。

（3）你打算从哪一年开始工作（具体到年份）？请在表示这一年的刻度处画一条垂直于长边的线，沿着刚刚画好的线将左边的纸撕掉。

（4）你想要什么时候（具体到年份）退休？请在表示这一年的刻度处画一条垂直于长边的线，沿着刚刚画好的线将右边的纸撕掉。现在计算一下你用于工作的时间，具体是多少年？

（5）请问你一天中睡觉的时间有多少？例如睡8小时，那么睡觉时间占一天的1/3，沿着短边撕掉1/3的纸张（注意把表示年份的刻度边留下）。

（6）请问你在一年中，周末和法定节假日的总计休息天数是多少呢？如果周末双休，一年有52周，则有104天休息日；法定节假日大约10天。一年中休息的天数约占1/3，请沿短边撕掉1/3的纸张。

（7）请问一年中你用来娱乐社交、陪伴家人、病体康复和应对意外事项的时间是多少呢？比如这些事情所用时间占一年的1/10至1/6，请沿短边撕掉1/10至1/6的纸张。最后请计算你的工作时间为多少。

（8）请你计算工作以后的各项开支。

① 估算住房的相关费用，金额总计＿＿＿万元。

② 估算汽车的相关费用，金额总计＿＿＿万元。

③ 估算结婚的相关费用，金额总计＿＿＿万元。

④ 估算休闲娱乐社交的相关费用，金额总计＿＿＿万元。

⑤ 估算养育子女的相关费用，金额为＿＿＿万元。

⑥ 估算赡养老人的相关费用：每月每人赡养金额为＿＿＿元，赡养老人的数量为＿＿＿位，年支出金额为＿＿＿万元，赡养的年数约为＿＿＿年，赡养老人所花费的总金额为＿＿＿万元。

⑦ 估算医疗健康维护的相关费用：每年的医疗保健支出为＿＿＿万元，医疗健康维护年数约为＿＿＿年，医疗健康维护费用总计＿＿＿万元。

⑧ 你工作以后的各项开支总计＿＿＿万元。

（9）假如你工作时间为35年或40年，为满足上述开支，你的年薪、月薪、日薪和时薪分别应是多少？

1.2 训练体验

任务工作单1

撕纸计算一生中用于创造财富的时间，参照"训练规则及实施说明"中（1）～（7）的步骤完成。请计算你用于创造财富的工作时间为多少（写出计算过程和结果）？

任务工作单2

填表估算一生中需要创造的财富。

（1）计算住房的费用，请填写表3-18。

表3-18 住房相关费用

支出项目	每年支出明细/元	使用年限/年	金额总计/元
购房费用			
装修费用			

续表

支出项目	每年支出明细/元	使用年限/年	金额总计/元
家具家电费用			
年度物业费			
水电气费用			
合计			

（2）计算汽车及相关费用，请填写表3-19。

表3-19 汽车及相关费用

类型	支出项目	每年支出明细/元	使用年限/年	金额总计/元
汽油车	买价及税费			
	每年保险保养费用			
	每年油费			
纯电动车	买价及税费			
	每年保险保养费用			
	每年充电费用			
	换电池费用			
油电混动车	买价及税费			
	每年保险保养费用			
	每年油费			
	每年充电费用			
	换电池费用			
合计				

（3）估算结婚相关费用，请填写表3-20。

表3-20 结婚相关费用

支出项目	支出明细/元
婚纱照费用	
婚纱、礼服费用	
宴请宾客费用	

续表

支出项目	支出明细/元
婚庆公司服务费	
彩礼或嫁妆	
总计	

（4）估算休闲娱乐社交相关费用，请填写表3-21。

表3-21　休闲娱乐社交相关费用

支出项目	每年支出明细/元	消费年数/年	金额总计/元
游戏娱乐支出			
旅游支出			
宴请支出			
社交往来支出			
总计			

（5）估算养育子女的相关费用，请填写表3-22。

表3-22　养育子女的相关费用

支出项目	子女数量/人	每年支出金额/元	消费年数/年	金额总计/元
孕期、分娩费用			1	
0～3岁（不含）养育费用			3	
3～6岁（不含）养育费用			3	
6～12岁（不含）养育费用			6	
12～18岁养育费用			6	
高等教育期间学费食宿费等			4～7	
总计				

（6）估算赡养老人的相关费用，请填写表3-23。

表3-23　赡养老人的相关费用

支出项目	赡养老人的数量/人	每月每人赡养费用/元	每年支出金额/元	赡养的年数/年	金额总计/元
赡养老人费用					

（7）估算医疗健康维护的相关费用，请填写表3-24。

表3-24　医疗健康维护的相关费用

支出项目	家庭人数/人	每月每人医疗保健费/元	每年支出金额/元	医疗健康维护的年数/年	金额总计/元
医疗保健费用					

（8）你工作以后的各项开支总计_____万元。

（9）假如你工作时间为35年或40年，为满足上述开支，你需要挣到的年薪、月薪、日薪和时薪分别是多少？请填写表3-25。

表3-25　各项开支总计及预期薪酬水平

各项开支总计/万元	用于创造财富的工作时间/年	薪酬类型	预期薪酬水平/元
		时薪	
		日薪	
		月薪	
		年薪	

1.3　感受记录

任务工作单3

（1）当手里纸片越来越小的时候，你的感受是怎样的？你联想到了什么？

（2）当计算出需要创造的财富具体金额总数时，你的感受是怎样的？你想到了什么？

（3）当你估计自己月薪为1～2万元的时候，你有没有对未来的职业进行规划？你需要具备什么能力，才能够达到预期薪资水平？

1.4　感受分享

老师鼓励学生自愿发言，或挑选部分学生分享（学生应到讲台上发言），老师应肯定学生发言中积极的一面，引导学生思考、讨论，并根据发言的质量给学生加分。

若你有发言的灵感或想法，请将它记录在下面。

1.5　经验总结

| 任务工作单4 |

（1）请问从小到大，你的时间管理是怎样的？请反思你的时间管理效果。你每天的时间是怎么分配的？你有哪些浪费时间的行为？你的时间安排是否可以更加合理？

（2）时间管理训练给你带来的启发是什么？你学会了哪些管理时间的方法？

1.6　实践应用

| 任务工作单5 |

你有哪些浪费时间的行为？你要如何改进？请遵循SMART原则写出你的时间管理改进计划。请扫描右侧二维码完成实践作业。

实践作业

1.7　评价反馈

请扫描二维码获取评价工作单，完成评价任务。

个人自评表

小组内互评表

小组间互评表

老师评价表

任务2　自制力训练：情绪控制与表达

情绪控制与表达是一个室内的心理素质拓展训练项目，它让学生意识到控制情绪的重要性，让信息表达的发出者学会准确高效地输出语言，让信息接收者学会控制情绪。自制力训练有利于人际关系的和谐，也有利于合作目标的达成。

2.1　训练前的准备与规则说明

（一）训练前的准备

（1）一般将学生分为4组或6组，每组6～12名学生。

（2）训练道具准备如表3-26所示。

表3-26　训练道具准备

序号	材料名称	数量	备注
1	A4纸	12～18张	列出词语等
2	扑克牌	1副	抽签用
3	签字笔	每人1支	学生自备

（二）训练实施过程及规则说明

（1）各组抽签分为对立的若干对，告诉学生他们正处于某个商务或社交场景中，比如篮球教练训话的时候，或老师对学生批评教育的时候，或商务谈判中双方舌战的时候，等等。

（2）给每组分发3张A4纸，学生可以借鉴书籍、影视或自己的经历等，在3分钟内尽可能多地列出能激怒他人的词语，但注意不得使用肮脏的字词。

（3）让每个小组写出一个1分钟的剧本，剧本中要尽可能多地出现激怒人的词语，每组有10分钟的准备时间。

（4）告诉学生评分标准：写出每个激怒性的词语加1分；每个激怒性词语视激怒效果再加1～3分；如果学生面对这些词语时表现出真诚、合作的态度，额外加5分。

（5）一个小组表演时，另一个小组在纸上写下他们所听到的激怒性词语。

（6）表演结束后，让刚才表演的小组确认另一组所记录的是否是他们所说的那些激怒性词语，必要时可对一些词语做出解释。然后两个小组交换角色，重复（5）～（6）的步骤。

（7）最后一个小组的表演结束之后，学生分别给每个小组打分，给分数最高的那一组颁发"火上浇油"奖。

2.2 训练体验

| 任务工作单 1 |

(1)训练前你是否清楚训练步骤?请简述训练步骤。

(2)在列出可能激怒别人的词语时,你是怎么做的?你列出了哪些可能激怒别人的词语?你是否愿意将自身的经验或经历分享给大家?

2.3 感受记录

| 任务工作单 2 |

(1)在列出激怒性词语时,你提出了什么建议?训练中你所在小组遇到了什么困难?你是如何解决的?

(2)当你所在小组上台参与训练时,你们的表现如何?是否发生了意外?你们是如何应对意外的?你的心情是怎样的?你是否愿意主动参与这场训练呢?

(3)当你所在小组与另一组互换角色后,你觉得你所在小组表现得怎么样?你的心情如何?

2.4 感受分享

老师鼓励学生自愿发言，或挑选部分学生分享（学生应到讲台上发言），老师应肯定学生发言中积极的一面，引导学生思考、讨论，并根据发言的质量给学生加分。

若你有发言的灵感或想法，请将它记录在下面。

2.5 经验总结

任务工作单3

（1）训练开始前你与组员是如何沟通的？训练准备时你们的时间是如何分配的？你在此次训练后是否有改变呢？

（2）通过本次训练，你认为你的哪些语言表达习惯可能激怒他人？请你把它们列举出来，警示自己今后不要再犯此类错误。

（3）通过本次训练，你认为在什么情境中的哪些语言最能激怒你？今后再遇到此类情境时你该怎样做？

2.6 实践应用

任务工作单4

（1）通过本次训练，你发现自己在情绪控制方面有哪些不足？

（2）通过本次训练，结合自己的性格，你认为应该如何把情绪控制变成自己的习惯？你该如何对待自己的亲人、朋友和同学？请遵循 SMART 原则制订可行的自我完善计划。请扫描右侧二维码完成实践作业。

实践作业

2.7　评价反馈

请扫描二维码获取评价工作单，完成评价任务。

个人自评表　　　　　小组内互评表　　　　　小组间互评表　　　　　老师评价表

课后任务

1. 实践应用记录

（1）在一些小事上加强自制力会提高整体的自制力。比如坐下的时候不跷二郎腿、每天打游戏的时间减少1小时、每天起床做20个俯卧撑、记账等。

（2）5分钟的"绿色锻炼"，如：①走出教室，找到最近的一片绿色空间，用手机播放一首你最喜欢的歌曲，在附近街区人行道上慢跑；②去户外呼吸新鲜空气，做些自己喜欢的运动；等等。你做了哪些"绿色锻炼"？请记录下你做过的"绿色锻炼"。

2. 实践应用效果评价

实践应用效果评价表如表3-27所示。

表3-27　实践应用效果评价表

实践应用计划概要	关键行动说明	执行起止时间	实际执行情况	效果反馈	监督人签名

续表

实践应用计划概要	关键行动说明	执行起止时间	实际执行情况	效果反馈	监督人签名

执行人（签名）：　　　　　　　　　评价时间：

04

模块四　思维模式训练

　　思维有广义和狭义之分。广义的思维是指人脑对客观现实的概括，它反映的是事物的本质和事物间规律性的联系，包括逻辑思维和形象思维。而狭义的思维通常指心理学意义上的思维，即逻辑思维。思维方式包括形象思维、演绎思维、归纳思维、联想思维、逆向思维、发散思维、聚合思维、目标思维、双赢思维、创新思维等。

引导故事

鲁班发明锯

　　相传有一年，鲁班接受了一项建造一座巨大宫殿的任务，建造这座宫殿需要很多木料，他和徒弟们只好上山用斧头砍树，当时还没有锯子，因此砍树的效率非常低。一次上山的时候，他不小心抓了一把山上长的一种野草，却一下子将手划破了。鲁班感到很奇怪，一株小草为什么这样锋利？于是他摘下了一片叶子细心观察，发现叶子两边长着许多小锯齿，用手轻轻一摸，发现这些小锯齿非常锋利。他明白了，他的手就是被这些小锯齿划破的。后来，鲁班又看到一条大蝗虫在一株草上啃叶子，蝗虫的牙非常锋利，一开一合，很快就吃下一大片叶子。这同样引起了鲁班的好奇心，他抓住一只蝗虫，仔细观察蝗虫牙齿的结构，发现蝗虫的牙上同样排列着许多小锯齿，蝗虫正是靠这些小锯齿咬断草叶的。这两件事给了鲁班很大启发。于是他就用大毛竹做成一条带有许多小锯齿的竹片，然后到小树上做试验，结果果然不错，几下子就把树干划出一道深沟，鲁班非常高兴。但是由于竹片比较软，强度比较差，不能长久使用，划了一会儿，小锯齿有的断了，有的变钝了，需要更换竹片。鲁班想到了铁片，便请铁匠帮忙制作带有小锯齿的铁片。鲁班和徒弟分别拉住铁片一端，在一棵树上划了起来，只见他俩一来一往，不一会儿就把树锯断了，又快又省力，锯就这样被发明出来了。

"佰草集"直播营销创新思维

　　佰草集的《延禧宫正传》是直播带货内容创新的典型案例，通过对人物、妆容、服饰、场景的高度还原，在直播过程中设置相应的场景剧情，同时在与顾客的交流中充分代入宫斗剧中的角色（如称顾客为娘娘等），在直播带货圈脱颖而出。《延禧宫正传》系列直播的内容创新提升了直播的趣味性，使佰草集获得了用户的好感。

　　思考：
　　你从这两个故事中受到什么启发？

项目 8 | 建立双赢的心智模式

在现代社会，合作与共赢已成为推动个人和团队发展的核心动力。本训练项目旨在通过一系列精心设计的拓展训练活动，帮助参与者建立双赢的心智模式，使其学会在竞争与合作中找到平衡点，实现个人和团队的共同成长。

学习目标

学习目标如表4-1所示。

表4-1　学习目标

学习目标	关键成果
1. 培养合作共赢的意识，学会从对方的角度思考问题 2. 提升在复杂情境下分析问题、解决问题的能力 3. 强化团队协作精神，增进团队成员间的信任与沟通	1. 认识到双赢思维的重要性，并在实际情境中应用双赢思维 2. 团队凝聚力增强，成员间沟通更加顺畅，合作更加默契 3. 运用所学技能解决现实生活中的问题，实现个人和团队的共同成长

学习任务

1. 任务描述

通过训练，学生能够走进自己的内心世界，认识自己的弱点。通过训练引导学生思考在生活中、工作中能否实现双赢或多赢。

2. 任务分析

（1）重点

通过训练体验、经验总结，学生建立双赢的心智模式，学会在合作中寻求共同利益，思考在生活、工作中如何运用创新思维实现双赢或多赢。

（2）难点

学生需学会如何在竞争激烈的环境中保持冷静，坚持双赢原则，不被短期利益所诱惑。

3. 素质养成

（1）通过训练，学生认识自己的弱点，养成双赢的心智模式。

（2）让学生充分地沟通交流，认识到相互信任是实现双赢的前提。

（3）让学生从经济学博弈理论中学会理性决策。

（4）以中华优秀传统文化引领学生树立积极的人生观和价值观，让学生学会如何实现合作共赢。

▶ 课前任务

1. 阅读关于"双赢"的书籍

推荐书目如下。

（1）《双赢》；作者：何常在；出版社：现代出版社；出版时间：2021年；ISBN：978-7-5143-9137-4。

（2）《双赢：提升项目管理者的职业高度与情商》；作者：郭致星；出版社：中国电力出版社；出版时间：2020年；ISBN：978-7-5198-5245-0。

（3）《双赢销售思维：管理者建立销售思维的第一本书》；作者：程锡安；出版社：北京联合出版公司；出版时间：2022年；ISBN：978-7-5596-6469-3。

（4）《双赢：企业薪酬治理的第一原则》；作者：石伟；出版社：中国人民大学出版社；出版时间：2023年；ISBN：978-7-300-31797-7。

（5）《双赢谈判》；作者：塞缪尔·丁纳尔、劳伦斯·萨斯坎德；出版社：中国科学技术出版社；出版时间：2023年；ISBN：978-7-5221-2936-5。

如果你在图书馆没有找到上述5本书，也可以阅读其他关于"双赢"的书籍。

2. 思考答题

阅读关于"双赢"的书籍后回答下列问题。

你认为什么是双赢的思维？在你的生活、学习、社会实践中或今后的工作、创业中能否实现双赢或多赢？为实现双赢，你需要遵循什么原则，注意哪些问题？

▶ 课中任务

任务1 体验竞争博弈训练：红黑游戏

红黑游戏是一个室内的心理素质拓展训练项目，是关于分析、沟通与决策管理的训练项目。红黑游戏来自M.弗勒德和M.德雷希尔在1950年提出的一个著名的博弈模型"囚徒困境"，其是一个完全信息静态博弈的典型案例（完全信息静态博弈是指在博弈过程中，每一位参与人对其他参与人的特征、策略空间等有准确的信息）。本训练的主要目的是让学生学会换位思考，学会舍得，学会沟通与协作，在生活或工作中营造一个双赢或多赢的环境氛围。

训练暴露出每位学生的内心思想和格局后，老师要提醒学生去做一个对家庭、对单位、对国家、对社会有大爱，愿意无私奉献，脱离低级趣味的高尚的人。红黑游戏如图4-1所示。

图4-1 红黑游戏

1.1 训练前的准备与规则说明

（一）训练前的准备

将学生分为2队，选择2间会议室，容纳不同组的学生。训练道具准备如表4-2所示。

表4-2 训练道具准备

序号	材料名称	数量	备注
1	扑克牌	1副	每队6张红牌、6张黑牌
2	得分规则表	2张	张贴于各会议室前面
3	积分表	2张	A1纸大小，分别张贴于各会议室
4	音箱	2台	播放《征服》《思念谁》《有多少爱可以重来》《朋友》4首歌曲

（二）训练规则及实施说明

（1）老师先集合所有学生，说出引导词："我们现在乘坐一艘巨大的邮轮航行在风景优美的太平洋上，突然，我们的邮轮撞上了冰山，邮轮还有60分钟就要沉没了。现在请所有的同学两两手拉手站立，所有人整体排成2列，我从2列中间通过将队伍分开，左边一列为A队，右边一列为B队。我们的救生设备只能满足一半人逃生，而另一半人留在船上等待奇迹发生。现在，我们通过一个训练决定哪些人先乘坐救生艇逃生。有参加过红黑游戏的同学吗？如果有，请参加过的同学做助教，传递投票信息。"

（2）A、B两队协商选出队长各1名。

（3）给每队分发6张红牌、6张黑牌、1张积分表。积分表如图4-2所示。

组别	回合					
	1	2	3 #	4	5	6 # #
A队						
B队						

图4-2 积分表

注：①#表示此回合分数按2倍计算；②##表示此回合分数按3倍计算。

（4）老师宣布训练规则和得分规则，并发给队长1张积分规则表，老师强调："这个训练获胜的方法是积累最多的正分。"由助教将A、B两队带去指定会议室（所有学生手机上交给助教）。关于规则，学生有什么不懂的可以向老师提问。训练规则如下。

①如果A、B两队均出黑（扑克）牌，各加3分；

②如果A队出红牌而B队出黑牌，则A队加5分，B队扣5分，反之，B队出红牌而A队出黑牌，则B队加5分，A队扣5分；

③如果A、B两队均出红牌，两队各扣3分；如果A、B两队均出黑牌，两队各加3分；

④游戏共6轮，其中第3轮的得分是2倍积分，第6轮的得分是3倍积分。

积分规则表如图4-3所示。

A队	B队
黑（+3）	黑（+3）
红（+5）	黑（-5）
红（-3）	红（-3）
黑（-5）	红（+5）

图4-3 积分规则表

（5）两队分别开始讨论得分策略，两队之间禁止互相联系，讨论时间为5～10分钟。每位学生均要发言、参与投票，不得出现弃权票，以少数服从多数的原则定出"红牌"还是"黑牌"。

（6）助教往返A、B两队之间，说："A队/B队，第×回合你们都投票了吗？""你们投的票是多少？投票数是否与队伍的总人数相符？""好的，我接受你们的投票，同时另一队在这个回合所投的票是×票。"（或是"我不接受你们的投票，你们的投票没有按照训练规则执行，请重新投票。"）助教得到投票结果后在积分表上记录下该队的得分。

（7）训练共有6回合，6回合投票都被接受后，老师通知训练结束，助教将所有学生集合在一起，每个学生坐回自己的位置上，安静地反思刚才的所作所为。轮流播放4首歌曲。

（8）请每位学生记录自己的训练感受。

（9）5～10分钟后，老师引导学生发表训练感受。

（10）老师提出思考问题，学生总结发言，老师点评并做训练总结。

（三）任务分配

各组任务分配表如表4-3所示。

表4-3　各组任务分配表

班级：　　　　　　　　　组号：　　　　　　　　　指导老师：

组长：　　　　　　　　　学号：

组员				任务分工
姓名	学号	姓名	学号	

1.2　训练体验

任务工作单1

（1）训练开始前你是否清楚红黑游戏的步骤？请简述红黑游戏的步骤。

（2）你是否清楚红黑游戏的得分规则？请简述红黑游戏的得分规则。

（3）你是否积极主动地参与这个训练？你有什么担心和顾虑呢？你队友的参与积极性如何？

1.3 感受记录

| 任务工作单2 |

（1）训练开始前，老师将所有学生分成两队，使刚才手拉手的学生全部分开，你的心情是怎样的？

（2）在投票过程中，你是否主动清楚地表达你的意见？当投票的结果和你的意见不一致时你是什么反应？在下次投票时，你是否继续发声？

（3）在投票时，你主张出红牌还是出黑牌？你是怎么思考的？在6轮投票中，你是始终坚持出红牌或黑牌，还是来回变动？在投票时，你受到了哪些人的影响？

（4）从训练中总结经验，思考在关键时刻，朋友究竟是什么？

（5）在红黑游戏中，你所在队伍遇到了哪些问题，你们是怎么解决的？你认为队长的组织能力如何？训练过程中是否有新的领袖产生？你认为应如何提高队长的组织能力？

1.4 感受分享

老师鼓励学生自愿发言，或挑选部分学生分享（学生应到讲台上发言），老师应肯定学生发言中积极的一面，引导学生思考、讨论，并根据发言的质量给学生加分。

若你有发言的灵感或想法，请将它记录在下面。

1.5 经验总结

任务工作单 3

（1）对照图4-4所示的心灵之窗确定自己属于哪一类人，你身边的队友分别属于哪一类人。你喜欢哪种类型的人呢？你的人际圈中，哪些人是你喜欢的类型的人？

你好 我不好	我好 你不好
你好 我也好	我不好 你也别想好

图4-4 心灵之窗

（2）在红黑游戏中，你是否尝试过运用双赢思维解决问题，效果如何？

（3）在团队内部，你与队友之间的沟通情况如何，是否存在信息传递不畅或误解的情况？你认为团队合作在红黑游戏中起到了怎样的作用？有哪些方面可以改进？

（4）在红黑游戏中，你是如何平衡个人利益与团队利益的？有哪些时刻你选择牺牲个人利益以维护团队利益？当团队利益与个人利益发生冲突时，你认为应该如何做出决策？

（5）在现实生活和未来的职场中，如何确保每一件重要的事情都能获得双赢？

（6）在商业竞争中实现双赢需要哪些条件或前提？你认为必须坚持的观念是什么？

1.6　实践应用

| 任务工作单 4 |

（1）在红黑游戏中，你暴露了哪些缺点？这些缺点给你带来了哪些烦恼和痛苦？你是否下定决心做出改变？

（2）通过红黑游戏，你有哪些收获和感悟？未来将如何实现双赢或多赢？请遵循 SMART 原则制订可行的自我完善计划。请扫描右侧二维码完成实践作业。

实践作业

1.7　评价反馈

请扫描二维码获取评价工作单，完成评价任务。

个人自评表　　小组内互评表　　小组间互评表　　老师评价表

任务 2　体验商业竞争：航空公司经营训练

航空公司经营训练是一个室内的团队竞争的训练，它是一种模拟真实商业环境的训练。该训练让参与者模拟经营航空公司，参与者通常分为几个小组，每个小组代表一家航空公司，小组成员分别担任董事长、执行总裁、财务总监、运营总监、首席信息官、市场总监、人力资源总监等职位，他们均为航空公司董事会核心成员。该训练旨在让参与者体验若干个航空公司之间价格竞争的状况及后果。

2.1 训练前的准备与规则说明

（一）训练前的准备

（1）找一间有活动桌椅的多媒体教室，一间小会议室。

（2）准备便利贴4～6本，每组1本。

（二）训练规则及实施说明

（1）将学生分成4～6个组，每个组分别代表一家航空公司。

（2）市场经营的规则是：所有航空公司的利润率都维持在9%；如果有3家以下的航空公司采取降价策略，降价的航空公司由于薄利多销，利润率可达12%，而没有采取降价策略的航空公司利润率则为6%；如果有3家及以上的航空公司同时降价，则所有航空公司的利润率都只有6%。

（3）将每个小组的代表叫到小会议室里，交代上述训练规则，并让小组代表之间进行初步协商。完成初步协商之后小组代表回到小组，并将协商情况向小组汇报。

（4）小组经过5分钟讨论之后，需要做出最终的决策：降价或者不降价。将决策写在纸条上，与其他小组同时交给老师。

（三）任务分配

各组任务分配表如表4-4所示。

表4-4 各组任务分配表

班级：　　　　　　　　　组号：　　　　　　　　　指导老师：

组长：　　　　　　　　　学号：

组员				任务分工
姓名	学号	姓名	学号	

2.2　训练体验

| 任务工作单 1

（1）训练开始前你是否清楚航空公司经营训练的步骤？请简述航空公司经营训练的步骤。

（2）你是否清楚航空公司经营训练的得分规则？请简述航空公司经营训练的得分规则。你觉得训练得分规则公平吗？

（3）训练开始前，你所在小组是否商量了经营策略？你们的经营策略是怎样的？

（4）你是否积极主动地参与这个训练？你有什么担心和顾虑呢？其他组员的参与积极性如何？

2.3　感受记录

| 任务工作单 2

（1）你认为合理的经营策略是怎样的？

（2）在讨论过程中，你是否主动清楚地表达你的意见？当讨论的结果和你的意见不一致时你是什么反应？在下次讨论时，你是否继续发声？

（3）在讨论过程中，你是始终坚持意见还是来回变动？你受到了哪些人的影响？当你坚持自己的意见后，公司经营结果如何？你是怎么思考的？

（4）当你所在小组代表的航空公司获得了12%的利润率时，你的心情是怎样的？当你所在小组代表的航空公司的利润率降低至6%时，你的心情是怎样的？

（5）当小组代表完成初步协商，向小组传递协商结果后，大家有什么反应？你们是如何决策的？你认为在商业竞争中能实现双赢吗？

2.4 感受分享

老师鼓励学生自愿发言，或挑选部分学生分享（学生应到讲台上发言），老师应肯定学生发言中积极的一面，引导学生思考、讨论，并根据发言的质量给学生加分。

若你有发言的灵感或想法，请将它记录在下面。

2.5 经验总结

| 任务工作单3 |

（1）对照第88页的心灵之窗图确定自己属于哪一类人，你身边的某些队友分别属于哪一类人。

你喜欢哪种类型的人呢？你的人际圈中，哪些人是你喜欢的类型的人？

（2）在现实生活和未来的职场中，如何确保每一件重要的事情都能获得双赢？

（3）在商业竞争中实现双赢需要哪些条件或前提？你认为必须坚持的观念是什么？

2.6 实践应用

任务工作单 4

（1）本次训练暴露了哪些商业竞争的残酷性和你的哪些性格缺点？它给你带来了哪些烦恼和痛苦？你是否下定决心做出改变，以提高人际关系中的幸福度？

（2）通过本次训练，你认为应该遵循哪些原则以便在商业竞争中实现双赢？你认为在人际交往中能否实现双赢？实现双赢需要什么条件和前提？请遵循 SMART 原则制订可行的自我完善计划。请扫描右侧二维码完成实践作业。

实践作业

2.7 评价反馈

请扫描二维码获取评价工作单，完成评价任务。

个人自评表　　　小组内互评表　　　小组间互评表　　　老师评价表

课后任务

1. 双赢心智模式实践应用记录

（1）双赢实践：在日常生活中，寻找并实践那些能够同时增进自己与他人利益的行为。例如，在团队项目中主动承担额外责任，同时帮助团队成员提升技能，共同推动项目成功；与同事沟通时，采用"我们"而非"我"的视角提出解决方案，鼓励合作而非竞争；在家庭中，与家人共同制订家务分工计划，确保每个人都做出贡献，同时减轻家务负担。

请记录你在本周内做的至少3个具体的双赢实践案例，包括情境、你的行动以及双方受益的结果。

（2）"双赢对话"练习：为了培养更加深入的双赢心智模式，尝试进行至少一次"双赢对话"，步骤包括以下内容。

① 选择一个与你关系紧密但可能与他人存在分歧的话题（如家庭活动安排、工作项目分工等）。

② 在对话开始前，明确自己的目标和对方的利益点，思考如何达成双方都能接受的解决方案。

③ 在对话过程中，保持开放和非评判性的态度，积极倾听对方的观点和需求。

④ 共同探索并提出至少两个双赢的解决方案，讨论并选择一个最适合当前情境的方案进行实施。

请记录这次"双赢对话"的过程、遇到的挑战、解决策略、最终达成的共识及双方的感受。

（3）反思与调整：每天花几分钟时间反思自己在双赢心智模式实践中的表现。思考自己在哪些情况下能够自然地运用双赢思维，哪些情况下容易陷入零和博弈的陷阱。对于后者，分析原因并思考如何改进。同时，记录下自己在这一周内的成长和收获，无论是技能上的提升还是心态上的转变，都是值得庆祝的进步。

2. 实践应用效果评价

实践应用效果评价如表4-5所示。

表4-5　实践应用效果评价表

实践应用计划概要	关键行动说明	执行起止时间	实际执行情况	效果反馈	监督人签名

执行人（签名）：　　　　　　　　　　　　　评价时间：

📄 项目9 │ 创新思维训练

🏗️ 学习目标

学习目标如表4-6所示。

表4-6 学习目标

学习目标	关键成果
1. 培养创新思维和问题解决的能力，激发团队创造活力 2. 提高逻辑思维能力，培养批判性思维，加强分析、归纳和推理能力 3. 增强团队协作和沟通能力，提升个人和团队的整体绩效 4. 通过实践，加深对创新的重要性和必要性的认识	1. 能够独立思考，提出有创意的想法和解决方案 2. 能够在团队中扮演不同的角色，有效协同工作，推动团队创新 3. 能够灵活运用创新思维，解决实际工作中遇到的问题 4. 养成积极的学习态度和习惯，持续提升自我学习能力

🏗️ 学习任务

1. 任务描述

设计并实施一系列创新思维训练活动，如头脑风暴、六顶思考帽等。开展团队协作的创新训练，提升学生在团队中的沟通和协作能力，引导学生进行反思和总结，将学习成果应用于实际工作和生活中，帮助学生树立创新意识、培养创新精神、养成创新习惯、塑造创新人格、掌握创新方法。

2. 任务分析

（1）重点

① 通过多样化的训练方法激发学生的创新思维，提升团队成员之间的沟通效率、信任感和协作效率，通过共同解决问题、分享见解和互相激励，促进创意的碰撞与融合。

② 通过讲授与体验活动促进学生对创新技巧的掌握。

③ 通过鼓励学生对自己的创新过程进行反思，识别成功与失败的因素，通过不断试错、学习和调整，优化创新策略和方法，形成持续改进的习惯。

（2）难点

① 学生可能难以摆脱传统框架的束缚，老师需要持续引导和激励，帮助学生认识到并克服这些障碍。

② 创新往往伴随着不确定性和风险，需要学生具备开放、包容的心态，勇于接受新观点、新挑战。需要老师营造安全的交流环境，鼓励自由表达和积极反馈。

③ 老师需要化解团队协作中的冲突，促进团队成员之间的理解和尊重。

④ 创新技巧的灵活运用，需要通过大量的实践练习和案例分析。

⑤ 老师需要激发并维持学生的创新动力，避免学生陷入创新疲劳或停滞不前的状态。

3．素质养成

（1）培养学生的爱国主义精神和社会责任感，使学生关注国家大事，积极投身于国家建设。

（2）引导学生树立正确的世界观、人生观和价值观，坚守道德底线，维护社会公平正义。

（3）增强学生的集体荣誉感和团队协作精神。

🔘 课前任务

1．阅读关于"创新"的书籍

（1）《创新思维训练与方法》；作者：胡飞雪；出版社：机械工业出版社；出版时间：2019年；ISBN：978-7-111-62677-0。

（2）《创新思维：斯坦福设计思维方法与工具》；作者：蒋里、福尔克·乌伯尼克尔等；出版社：人民邮电出版社；出版时间：2022年；ISBN：978-7-115-59239-2。

如果你在图书馆没有找到上述2本书，也可以阅读其他关于"创新"的书籍。

2．创新思维状态测试

请扫描右侧二维码参与测试。

创新思维状态测试

🔘 课中任务

任务1　创新思维方法训练：新产品创意

新产品创意是一个有趣的创新思维训练项目，它要求参与者运用某种创新思维方法（如头脑风暴、逆向思维、思维导图、六顶思考帽、SCAMPER创新法、TRIZ理论、设计思维工具箱等）进行特定产品的创意设计，并绘制新产品结构草图，说明新产品的功能及创新点。

1.1　训练前的准备与规则说明

（一）训练前的准备

将学生分为6组，每组选出一名组长。训练道具准备如表4-7所示。

表4-7　训练道具准备

序号	材料名称	数量	备注
1	A1或B1纸	13张	每组2张，其中1张备用
2	水彩笔	6盒	绘制新产品结构草图
3	新产品创意评分表	29张	每组4张，老师5张

（二）训练实施步骤及评分规则

（1）各小组领取训练道具，检查无误后签字确认。

（2）老师发布新产品创意的主题：护眼神器新产品创意设计。

（3）新产品创意设计（时间25~35分钟）步骤及要求如下。

① 进行目标消费者需求和痛点的分析；

② 进行竞争产品的结构、功能及优劣势分析；

③ 小组选择思维创新的方法，讨论确定新产品创意设计思路；

④ 小组讨论确定新产品创意设计的内容、结构功能；

⑤ 绘制新产品结构草图。

（4）各小组依次展示和讲解新产品创意设计，由老师、督导和组长等人组成的评委会逐一进行评分，选出冠、亚、季军并予以奖励。

1.2　训练体验

任务工作单1

（1）在新产品创意设计阶段，你所在小组确定的目标消费群体是哪些人？目标消费群体的核心消费需求和痛点是什么？

（2）你所在小组所设计的新产品的竞争产品的功能、结构及优劣势是怎样的？

（3）在训练活动中，你所在小组确定的新产品的应用情境是怎样的？你们运用了什么思维创新方法呢？你们的新产品创意设计的内容、结构功能是什么？

（4）请你绘制新产品结构草图。

1.3 感受记录

| 任务工作单 2 |

（1）在新产品创意设计开始前，你所在小组是如何分工的？你的心情如何？

（2）在进行新产品创意设计时，你所在小组用了什么创新方法？你们是否遵循了该创新方法的步骤呢？你的感受如何？

（3）在新产品创意设计过程中，你所在小组的时间管理是怎样的？你们是否按时完成新产品创意设计？你的心情如何？

（4）在登台展示你们的新产品创意设计时，你的感受是怎样的？台下同学对你们的新产品创意设计是什么反应？你的心情有什么变化？

（5）和其他组相比，你对本组的新产品创意设计满意吗？你有什么遗憾吗？

（6）在训练中，你们遇到了哪些问题，你们是怎么解决的？你认为组长的组织能力如何？训练过程中是否有新的领袖产生？你认为如何提高领导能力？

1.4　感受分享

老师鼓励学生自愿发言，或挑选部分学生分享（学生应到讲台上发言），老师应肯定学生发言中积极的一面，引导学生思考、讨论，并根据发言的质量给学生加分。

若你有发言的灵感或想法，请将它记录在下面。

1.5　经验总结

任务工作单3

（1）你认为你所在小组在创新方面存在什么问题？你认为应该如何提高团队的创新能力？

（2）你认为自己在创新方面有哪些短板？你计划如何培养自己的创新思维、提高创新能力？

（3）请你结合管理学、经济学原理思考，你所在小组可以采取哪些具体措施提高竞赛成绩、培养创新思维和团队合作精神。

1.6　实践应用

任务工作单4

（1）在本次训练中，你发现自己在创新思维和能力方面存在哪些不足？这些不足可能给你未来的职业发展带来哪些不利影响？你是否下定决心做出改变？

（2）通过本次训练，你认为应该如何培养自己的创新思维、提高创新能力，以及如何提高团队协作及创新效率？请遵循SMART原则制订可行的自我完善计划。请扫描二维码完成实践作业。

实践作业

1.7 评价反馈

请扫描二维码获取评价工作单，完成评价任务。

| 个人自评表 | 小组内互评表 | 小组间互评表 | 老师评价表 |

任务2 创新思维实践应用：空中飞蛋

空中飞蛋又名运蛋飞行器（或鸡蛋飞行器），是一个有趣的室内外相结合的拓展训练项目，它要求用制作的飞行器将生鸡蛋从10米左右的空中安全运送到地面，鸡蛋不破、飞行距离远者获胜。空中飞蛋既可以训练学生的创新思维、创新能力，又可以考验团队协作、动手操作的能力。

2.1 训练前的准备与规则说明

（一）训练前的准备

选出几名学生分别作为督导、文化宣传员与记录员，将剩下的学生分为6组，并选出各组组长。

（1）道具准备

训练道具准备如表4-8所示。

表4-8　训练道具准备

序号	材料名称	数量	备注
1	生鸡蛋	12枚	每组2枚
2	食品袋	6个	每组1个
3	一次性塑料勺子	12把	每组2把
4	一次性塑料叉子	12把	每组2把
5	竹签	36根	长度15～20厘米，直径约3毫米，每组6根
6	气球	12个	每组2个
7	橡皮筋	36个	每组6个
8	纸板	6块	边长20厘米的正方形，每组1块
9	剪刀	6把	每组1把
10	扑克牌	1副	用于确定出场顺序
11	得分规则表	1张	张贴于教室前面
12	积分表	1张	A1大小纸张，张贴于教室

（2）场地准备

多媒体教室1间，内有活动桌椅；3层高的楼房及楼下空地。

（3）安全注意事项

使用剪刀时需谨慎，避免伤及自己或他人，使用完毕后及时上交给老师保管；执行运蛋任务的"投手"在投掷飞行器前需系安全绳，在掷出飞行器时不要用力过猛；飞行器可能降落的区域由安全防护员提前用警戒线围起来，避免他人误入该区域，投掷飞行器的时间避开人流高峰期。

（二）训练实施步骤及评分规则说明

（1）各小组领取训练道具，检查无误后签字确认。

（2）各小组讨论运蛋飞行器的设计创意，做好小组分工。

（3）各小组仅运用所给的道具（不能借助其他物品）进行运蛋飞行器的制作，时间为25～30分钟。在制作过程中，督导做好计时、文化宣传员负责拍照或录像，并派专人负责记录时间安排及制作过程。规定时间结束后，飞行器未能制作完成的小组将失去参加训练的机会。

（4）完成飞行器制作的小组全体成员来到讲台上，派出代表（一般由组长或督导担任）讲解运蛋飞行器的创意、原理及制作的过程，老师带领各组代表给该小组评分。

（5）各组选出执行运蛋任务的投手，由组长或老师带领前往3楼的"待飞区"，抽签确定出场顺序。同时老师带领各组其他学生排队下楼到达运蛋飞行器的"降落区"，列队成"U"字形，拉好警戒线。

（6）抽到扑克牌A的小组先出场，该组组长带领全组做团队风采展示，给本组投手加油，然后投手执行运蛋任务，飞行器降落后由老师和两名其他组的督导前去检查鸡蛋是否破损，并拍摄视频或照片。如果鸡蛋破碎，该组得0分；如果鸡蛋完好，则成为优胜组，并记录飞行器降落位置。

（7）抽到扑克牌2、3、4、5、6的小组依次出场，重复步骤（6）中的任务执行过程。鸡蛋完好的小组进入决赛，按照其飞行距离的远近排出名次，排名第1名、第2名、第3名、第4名、第5名、第6名的小组，得分依次为60、50、40、30、20、10分。

（8）进入决赛的小组对飞行器进行检修后送至3楼，投手按照名次倒序出场执行运蛋任务，按照飞行距离远近确定冠、亚、季军，冠军、亚军、季军组分别再加30、20、10分，另外老师也可以给冠军、亚军、季军组颁发小礼物以示奖励。

（三）任务分配

各组任务分配表如表4-9所示。

表4-9 各组任务分配表

班级：　　　　　　　　　组号：　　　　　　　　　指导老师：

组长：　　　　　　　　　学号：

组员				任务分工
姓名	学号	姓名	学号	

2.2　训练体验

| **任务工作单1**

（1）在飞行器制作阶段，你所在小组是如何分工的？你们有明确的目标吗？你们在设计制作过程中遇到了什么问题？你们运用了哪些创新思维方法？

（2）你们的飞行器是什么结构或造型的？制作飞行器的关键任务或工序是什么？你们计划用什么创新的方法保证关键任务的完成？

（3）在整个训练活动中，你所在小组的时间是怎么分配的？你对你所在小组的时间管理效果满意吗？你们的时间管理存在什么问题？

（4）你对本组的团队协作满意吗？你有没有积极表达意见或参与完成什么任务呢？你的队友参与积极性如何？

2.3　感受记录

| **任务工作单2**

（1）当完成飞行器制作任务的时候，你的心情如何？当小组未按时完成任务时，你的心情如何？

（2）在登台展示你们的飞行器设计时，你认为你们的飞行器设计得怎么样？当你看到台下同学对你们设计的飞行器的反应时，你的心情有什么变化？

（3）当你看到你们的飞行器安全把鸡蛋运送到地面时，你的心情是怎样的？当你看到你们的飞行器未能将鸡蛋安全运送到地面时，你的心情是怎样的？你有什么遗憾吗？

（4）你认为你们在创新观念、创意形成、飞行器制作等方面存在哪些问题？你在遇到这些问题时的心情是怎样的？

（5）在训练中，你们遇到了哪些问题，你们是怎么解决的？你认为组长的领导能力如何？训练中是否有新的领袖产生？你认为应如何提高领导能力？

2.4　感受分享

老师鼓励学生自愿发言，或挑选部分学生分享（学生应到讲台上发言），老师应肯定学生发言中积极的一面，引导学生思考、讨论，并根据发言的质量给学生加分。

若你有发言的灵感或想法，请将它记录在下面。

2.5　经验总结

任务工作单3

（1）你认为你所在小组在创新方面存在什么问题？你认为应该如何提高团队的创新能力？你认为自己在创新方面有哪些短板？你计划如何培养自己的创新思维、提高创新能力？

（2）在飞行器设计制作过程中，你们领取的材料、道具用完了吗？你们的资源利用是否合理、充分？

（3）请你结合管理学、经济学原理思考，你所在小组可以采取哪些具体措施提高竞赛成绩、培养创新思维和团队合作精神。

2.6 实践应用

任务工作单4

（1）在本次训练中，你发现自己在创新思维和能力方面存在哪些不足？这些不足可能给你未来的职业发展带来哪些不利影响？你是否下定决心做出改变？

（2）通过本次训练，你认为应该如何培养自己的创新思维、提高创新能力，以及如何提高团队协作能力及创新效率？请遵循SMART原则制订可行的自我完善计划。请扫描右侧二维码完成实践作业。

实践作业

2.7 评价反馈

请扫描二维码获取评价工作单，完成评价任务。

个人自评表　　　　　小组内互评表　　　　　小组间互评表　　　　　老师评价表

▶ 课后任务

1. 实践应用记录

（1）请记录你在生活、学习、社会实践中实现双赢或多赢的事件及过程。

（2）请记录你在生活、学习、社会实践中实现创新突破的事件及过程。

2. 实践应用效果评价

实践应用效果评价表如表4-10所示。

表4-10　实践应用效果评价表

实践应用计划概要	关键行动说明	执行起止时间	实际执行情况	效果反馈	监督人签名

执行人（签名）：　　　　　　　　　　评价时间：

模块五 沟通素质与能力训练

沟通是人际交往中至关重要的一环，不管是在学习还是工作中，沟通都是必备的技能之一。傅盛曾经说过，工作中80%的问题都是沟通不畅造成的。绝大部分的工作问题，不是来自技能本身，而是来自沟通。良好的沟通表达可以消除误会与隔阂，构建良好的人际关系，促进事业发展。

引导故事

张华是一家新兴科技公司的市场部经理，该公司专注于开发智能家居产品。张华的技术能力非常扎实，对产品的功能特性了如指掌。为了推广公司的新产品，张华制定了一套复杂的营销策略，包括线上广告、社交媒体推广、线下体验活动等。然而，在策划过程中，他并未充分与团队成员沟通，也没有征求销售、产品等部门相关人员的意见。

随着营销活动的推进，各种问题开始浮现。由于张华不擅长倾听和反馈，团队成员在执行过程中遇到的困难和问题得不到及时解决。例如，销售团队反馈线上广告的引流效果不佳，但张华却坚持认为是销售团队执行不力；产品部门提出某些功能在用户测试中反馈不佳，需要调整，张华却以产品完美无缺为由拒绝调整。

公司的新产品上市初期就遭遇了用户投诉。一些用户在社交媒体上抱怨产品功能复杂、不易上手，甚至有用户因为售后服务不到位而公开表达不满。张华虽然注意到了这些问题，但由于缺乏危机公关的经验和沟通技巧，他的回应显得迟缓且不够诚恳，进一步加剧了用户的不满情绪。

面对不断升级的负面舆论和内部矛盾，公司高层不得不介入调查。他们发现问题的根源在于张华沟通能力的不足，导致营销策略不合理、内部协作失调及客户关系受损。为了挽回局面，公司决定对张华进行辅导培训，并暂时由另一位具有丰富营销和管理经验的高管接替其工作。

思考：

你认为案例中的张华犯了哪些沟通错误？你认为他应该怎么做？

项目 10 │ 沟通心理素质训练

学习目标

学习目标如表 5-1 所示。

表 5-1 学习目标

学习目标	关键成果
1. 发现影响沟通的障碍 2. 提高沟通能力 3. 为建立良好的人际关系奠定基础	1. 完成自我恐惧清单 2. 掌握克服恐惧的方法 3. 完成提高沟通心理素质的自我完善计划

学习任务

1. 任务描述

为了建立良好的人际关系，我们需要提高沟通心理素质，首先要列出自己的恐惧清单，分析恐惧产生的原因，通过小组讨论交流找到克服恐惧的方法，制订适合自己的提高沟通心理素质的自我完善计划。

沟通心理素质训练的
理论与方法

2. 任务分析

（1）重点

学生找到克服恐惧的方法，制订适合自己的提高沟通心理素质的自我完善计划。

（2）难点

学生制订适合自己的提高沟通心理素质的自我完善计划并付诸行动。

3. 素质养成

（1）通过训练活动，学生增强克服恐惧的勇气。

（2）引导学生构建和谐的人际关系。

（3）引导学生不断完善自我，自觉践行社会主义核心价值观。

课前任务

大学生沟通素质与能力测验

请扫描右侧二维码参与大学生沟通素质与能力测验。

大学生沟通素质与
能力测验

课中任务

任务 1 沟通心理素质训练：心灵独白

心灵独白是一个必须在黑暗环境中才能进行的训练项目，因为在黑暗环境中谁也看不清楚谁，学生才能放松地、真诚地沟通表达。训练开始前，先统一意见，在大家都表示希望参加这个活动后再宣布开始，参与人数为40～50人，训练时间为15～30分钟。

1.1 训练前的准备与规则说明

（一）训练前的准备

（1）场地准备

场地准备如表5-2所示。

表5-2 场地准备

场地类型	面积/平方米	设备	环境要求
室内教室	大于300	多媒体设备1套	拉上遮光帘，关闭灯光
室外操场	大于400	蓝牙音响2个以上	需在晚上进行，关闭周围灯光，确保周边没有声响

（2）道具准备

道具准备如表5-3所示。

表5-3 道具准备

序号	材料名称	数量	备注
1	眼罩	50副	每名学生1副
2	A4纸	55张	每名学生1张，5张备用
3	签字笔	55支	学生自带，老师带5支备用
4	蓝牙音响	2个	播放音乐、老师授课和通知时用

（二）训练规则及实施说明

（1）由老师发给每个人一个编号，所有人的编号只有老师知道，学生只知道自己的编号，不可以互相打听。

（2）所有学生必须蒙上眼睛。蒙上眼睛后，开始播放音乐。

（3）在老师的引导下，学生分散开，每两个人组成一组，两个人互相通报自己的编号。

（4）两人要求对方讲一个真实的故事，可以是自己最不知道该怎么办的、最痛苦的、最有压力的、最感动的、最难忘的事等。

（5）故事讲述完毕后，老师把所有组打乱，学生取下眼罩后解散。要求每个人根据刚才听到的故事给对方写一封信，用信封封好，并告知上交时间。

1.2 训练体验

任务工作单1

（1）训练开始前你是否清楚心灵独白的训练步骤？你是否愿意吐露心声？

（2）对于参与本次训练，你有什么顾虑？

1.3 感受记录

| 任务工作单 2 |

（1）当你蒙上眼睛听着音乐时，你的心情是怎样的？

（2）在老师引导分组时，你期望和谁分在一组？当老师分好组后，你与搭档互相通报自己的编号时，你的心情是怎样的？你感觉你的搭档的心情如何？

（3）你的搭档给你讲了一个什么故事？请概述主要内容。听到这个故事时，你的反应是怎样的？听故事的过程中，你对搭档的哪些话做出了回应？你是怎么说的？

（4）你给搭档讲自己的故事时是否毫无保留？你的搭档有没有回应？你的感觉或心情是怎样的，是放松或舒畅，还是紧张或忐忑不安呢？

（5）解散之后，你的心情是怎样的？

（6）当你给自己的搭档写信时，你的心情是怎样的？你期望你的搭档看到你的信件时会有什么反应？

1.4　感受分享

老师鼓励学生自愿发言，或挑选部分学生分享（学生应到讲台上发言），老师应肯定学生发言中积极的一面，引导学生思考、讨论，并根据发言的质量给学生加分。

若你有发言的灵感或想法，请将它记录在下面。

1.5　经验总结

| 任务工作单 3 |

（1）你的压力来源主要有哪些？你平时的心理压力大吗？你在什么时候或什么状况下心理压力会增大？

（2）你通过参与本次训练是否找到了缓解心理压力的方法？缓解心理压力的方法是什么？你是否经常使用此方法？

（3）你还知道哪些方法可以缓解心理压力？你尝试过用哪些方法缓解心理压力？你认为哪些方法的效果更好？

（4）你是否已经有可以倾诉的朋友？你会在什么状况下向他倾诉？

1.6　实践应用

任务工作单 4

（1）通过本次训练，你发现自己在缓解心理压力方面有哪些不足？

（2）通过本次训练，结合自己的性格和心理压力状态，你认为应该如何缓解心理压力？请遵循 SMART 原则制订可行的自我完善计划。请扫描右侧二维码完成实践作业。

实践作业

1.7　评价反馈

请扫描二维码获取评价工作单，完成评价任务。

个人自评表　　　小组内互评表　　　小组间互评表　　　老师评价表

任务 2　沟通心理素质训练：克服恐惧

克服恐惧是一个室内的拓展训练。每个人都不是天生的演讲家，甚至很多人对在公众场所讲话感到恐惧。这是正常的现象，不必为此感到沮丧和自卑，没有必要因此全盘否定自己。这个训练告诉学生恐惧在公众场合讲话是正常的，并让学生学会如何克服这些恐惧。

2.1　训练前的准备与规则说明

（一）训练前的准备

训练道具准备如表 5-4 所示。

表5-4　训练道具准备

序号	材料名称	数量	备注
1	专家列出的恐惧清单	50张	每位学生1张
2	A3卡纸	100张	每位学生2张，其中1张备用
3	透明强磁磁铁扣	50枚	固定恐惧清单答案卡
4	24色水彩笔	10盒	每组2盒
5	题板纸	1个	无

（二）训练规则及实施说明

（1）老师提出问题："你认为在你的生活圈子里，大多数人最害怕的是什么？你最害怕的是什么？"学生安静独立地列出大众恐惧清单，并对恐惧清单做出解释。

（2）将占据多数的答案简明地写在题板纸上，询问大家是否认可这些答案。

（3）发给每人1张由专家列出的恐惧清单。告诉大家，大多数人的恐惧都是类似的，如觉得做一场演讲或开展培训课程是一项挑战。

（4）让学生采用头脑风暴的方法，尽可能多地说出克服恐惧的方法。

（5）展开小组讨论，老师在旁边记录下学生认为有效的方法。

（6）选出相对最恐惧在公众场合发言的学生，让他在讲台上大声朗读这些克服恐惧的方法。

2.2　训练体验

| 任务工作单1 |

（1）在表5-5所示的恐惧清单中列出你认为的大众恐惧清单和自己的恐惧清单。

表5-5　恐惧清单

编号	大众恐惧清单	自己的恐惧清单
1		
2		
3		
4		
5		
6		
7		
8		
9		
10		

（2）整理出你认同和不认同的大众恐惧清单，并填写表5-6。

表5-6　恐惧清单分类

编号	认同的大众恐惧清单	不认同的大众恐惧清单
1		
2		
3		
4		
5		
6		
7		
8		
9		
10		

2.3　感受记录

任务工作单2

（1）当你列出大众恐惧清单和自己的恐惧清单时，你的心情如何？

（2）在讨论同学们列出的大众恐惧清单时，你的参与度是怎样的？你的心情和反应是什么？

（3）当你看到专家列出的恐惧清单时，你的感受是怎样的？

（4）如果让你参加一场演讲比赛或者文艺表演（如说相声、演小品、唱歌等），或者对在校生开展一次培训课程，你是否愿意尝试一下？你认为自己能否胜任？

（5）在说出克服恐惧的方法的环节中，你是否积极参与？同学们的参与度是怎样的？你对哪些方法比较认同？你的感受是怎样的？

2.4 感受分享

老师鼓励学生自愿发言，或挑选部分学生分享（学生应到讲台上发言），老师应肯定学生发言中积极的一面，引导学生思考、讨论，并根据发言的质量给学生加分。

若你有发言的灵感或想法，请将它记录在下面。

2.5 经验总结

任务工作单3

（1）请整理总结自己的恐惧清单并说明恐惧产生的原因，填写表5-7。

表5-7 恐惧清单及产生原因

编号	自己的恐惧清单	产生恐惧的原因
1		
2		
3		
4		
5		
6		
7		
8		
9		
10		

（2）总结能克服恐惧的方法，请填写表5-8。

表5-8　克服恐惧方法汇总

编号	自己已知的克服恐惧的方法	新学习到的克服恐惧的方法
1		
2		
3		
4		
5		
6		
7		
8		
9		
10		

2.6　实践应用

任务工作单 4

（1）通过本次训练，你发现自己在克服恐惧方面有哪些不足？

（2）通过本次训练，结合自己的性格和心理状态，你认为应该如何克服恐惧，如何提高沟通表达的心理素质？请遵循SMART原则制订可行的自我完善计划，请扫描右侧二维码完成实践作业。

实践作业

2.7　评价反馈

请扫描二维码获取评价工作单，完成评价任务。

个人自评表　　小组内互评表　　小组间互评表　　老师评价表

▶ 课后任务

1. 每日三省吾身

每天睡觉前回想一下自己今天的思路和行为，有哪些使你感到有压力或产生恐惧的事情，你是如何缓解心理压力或用什么方法克服恐惧的？列出你的反思改进计划。

2. 实践应用效果评价

实践应用效果评价表如表5-9所示。

表5-9　实践应用效果评价表

实践应用计划概要	关键行动说明	执行起止时间	实际执行情况	效果反馈	监督人签名

执行人（签名）：　　　　　　　　　　评价时间：

项目 11 ｜ 沟通表达能力训练

学习目标

学习目标如表5-10所示。

表5-10　学习目标

学习目标	关键成果
1. 提高语言和肢体语言的表达能力，能够清晰、准确地表达自己的思想和观点 2. 增强理解能力，能够快速准确地了解他人的需求和意图 3. 培养逻辑思维和表达能力，在沟通过程中更有条理性、逻辑性和说服力 4. 强化沟通技巧和沟通策略，在团队合作和人际交往中更加得心应手，为建设良好的人际关系奠定基础	1. 能够流利、准确地表达自己的观点，且能够根据场合和对象调整自己的表达方式 2. 能够快速准确地理解他人的需求和意图，有效避免误解和冲突 3. 能够运用逻辑思维和表达能力，有效地影响和说服他人，推动团队合作和项目进展 4. 形成一套有效的沟通技巧和策略，能够在不同场合和情境下灵活运用 5. 完成提高沟通表达能力的自我完善计划

学习任务

1. 任务描述

为了建设良好的人际关系，为未来的就业、创业和生活奠定良好的基础，学生需要运用管理学中的沟通六层次模型，发现自身在沟通表达方面的优劣势，通过小组讨论交流找到提升沟通表达能力的方法，通过训练提高沟通表达的综合能力，制订适合自己的提高沟通表达能力的自我完善计划。

2. 任务分析

（1）重点

通过训练活动，学生发现自己在沟通表达方面的优劣势，并通过小组讨论找到提升沟通表达能力的方法，制订适合自己的提高沟通表达能力的自我完善计划。

（2）难点

学生制订适合自己的提高沟通表达能力的自我完善计划。

3. 素质养成

（1）通过训练活动，学生发现自己在沟通表达方面的优劣势，并找到提升沟通表达能力的方法。

（2）通过实践应用环节，提升学生的沟通表达能力，帮助学生构建和谐的人际关系。

（3）引导学生不断完善自我，自觉践行社会主义核心价值观。

PREP沟通法则及应用示例

大学生沟通表达能力测试1

大学生沟通表达能力测试2

课前任务

请扫描右侧二维码参与测试。

测试完成后请扫描右侧二维码查看答案。

课中任务

任务1 倾听与表达训练：听与说的训练

听与说的训练是一个室内的训练语言沟通表达能力的项目。与他人沟通的效果直接影响一个人能创造的价值，一个人即使才华横溢但沟通能力差，那么想要成功绝非易事。

【训练背景】

一架私人飞机意外坠落在荒岛上，只有6人存活，这时逃生工具只有1个能容纳1人的热气球吊篮，没有水和食物。6个人的信息如下。

① 孕妇：怀胎8个月。

② 发明家：正在研究新能源（可再生无污染）汽车。

③ 医学家：今年研究的艾滋病的治疗方案，已取得突破性进展。

④ 航天员：即将前往火星，寻找适合人类居住的新星球。

⑤ 生态学家：负责热带雨林抢救工作。

⑥ 流浪汉。

为了让更多学生参与，可以增设以下角色。

① 优秀大学生：多次获得省/国家级奖项。

② 退役军人：屡次获得军功，功勋卓著。

③ 优秀运动员：多次在奥林匹克运动会、世界杯等比赛中获得奖牌。

④ 全球慈善大使：累计捐款超过八千亿元，捐赠行为遍及五大洲。

【训练目的】

通过训练让学生了解到增强影响力最重要的是要善于聆听，记住别人的想法。消除聆听时的偏见，理解对方话语的重点，站在对方的角度看问题，才不会遗漏重要的内容。对对方有深刻的了解后，再通过适当的表达方式表达自己的观点。

1.1 训练前的准备与规则说明

（一）训练前的准备

（1）一间有活动桌椅的多媒体教室。

（2）便利贴4～6本，每组1本，学生自带1支笔。

（3）人物角色卡片6套，每套10张，角色包括：孕妇、发明家、医学家、航天员、生态学家、流浪汉、优秀大学生、退役军人、优秀运动员、全球慈善大使。

（二）训练规则及实施说明

学生针对由谁乘坐热气球吊篮先离岛的问题，各自陈述理由，第一个人先陈述自己离岛的理由，第二个人先复述第一个人的理由，再陈述自己的理由，第三个人先复述第一、第二个人的理由，再陈述自己的理由，以此类推（每个人复述和陈述的时间控制在5分钟之内）。最后由全体成员根据角色扮演者复述别人逃生理由的完整程度与陈述自身离岛理由的充分程度，进行举手表决，选出先离岛的人。

（1）由组长组织抽签确定各组学生的角色，学生抽到角色后有1分钟的准备时间，准备时间结束后开始陈述各自的理由，直到所有人陈述完毕，再进行举手表决选出先离岛的人。小组总体陈述时间20～30分钟。

（2）将各组先离岛的人集中起来（若人数少于6人，可再征集2～3名志愿者）进行终极比赛（时间20～30分钟），选出冠亚季军并对他们进行表彰或颁发小礼物。

（三）任务分配

小组任务分配表如表5-11所示。

表5-11 小组任务分配表

班级： 组号： 指导老师：

组长： 学号：

组员				任务分工
姓名	学号	姓名	学号	

1.2 训练体验

任务工作单1

（1）训练开始前你是否清楚听与说的训练的步骤和规则？请简述听与说的训练的步骤与规则。

（2）训练开始前你最想选择哪个角色，最不想选择哪个角色？你是否质疑规则的公平性？

（3）你是否积极主动地参与这个训练？你有什么担心和顾虑呢？

（4）你陈述的自己先离岛的理由是什么？

1.3 感受记录

任务工作单 2

（1）在训练中你抽中了哪个角色？你的感受如何？

（2）在1分钟的准备时间里，你在想什么，在做什么？你的感受如何？

（3）如果下一位发言者在陈述他先离岛的理由前，复述你先离岛的理由时部分遗漏或曲解了你的意思，你的心情是怎样的？你是否同意他先离岛呢？

（4）在举手表决谁先离岛时，你是根据其他角色扮演者复述别人逃生理由的完整程度与陈述自身离岛理由的充分程度投票的，还是根据其他角色扮演者给你的印象投票的？

（5）最终的表决结果和你期望的一致吗？得出表决结果时你的心情是怎样的？

1.4 感受分享

老师鼓励学生自愿发言，或挑选部分学生分享（学生应到讲台上发言），老师应肯定学生发言中积极的一面，引导学生思考、讨论，并根据发言的质量给学生加分。

若你有发言的灵感或想法，请将它记录在下面。

1.5 经验总结

任务工作单 3

（1）你从这个训练中学到了什么提升沟通表达能力的方法？

（2）为什么会出现发言顺序越靠后的人越难进行表达的情况？听重要还是说重要？为什么？

（3）扮演的角色是否与表达的效果有直接关系？

（4）怎样才能摆脱角色的束缚，进行有效的表达？

（5）这个训练有怎样的意义？

1.6 实践应用

任务工作单4

(1)根据管理学中沟通六层次模型,你发现自己在哪些方面需要提升沟通表达能力?

(2)通过本次训练,你认为遵循哪些原则能提高沟通表达能力?你认为应该如何提高沟通表达能力?请遵循SMART原则制订可行的自我完善计划。请扫描右侧二维码完成实践作业。

实践作业

1.7 评价反馈

请扫描二维码获取评价工作单,完成评价任务。

| 个人自评表 | 小组内互评表 | 小组间互评表 | 老师评价表 |

任务2 肢体语言表达训练:盲人摸号

在进行训练时,需要学生在蒙着眼睛的情况下,按照老师在活动开始前给每位学生的数字,从小到大排成一列,在此过程中,所有学生不能用语言交流,训练的目的是锻炼学生的肢体语言沟通能力。

2.1 训练前的准备与规则说明

(一)训练前的准备

(1)道具准备

道具准备如表5-12所示。

表5-12 道具准备

序号	材料名称	数量	备注
1	眼罩	50副	每名学生1副
2	扑克牌	1副	用于给参赛学生分配数字

（2）场地准备

多媒体教室1间，内有活动桌椅，若天气晴朗也可以选择室外平整的场地。

（3）安全注意事项

当训练在室内进行时，安全防护员在活动场地四周做好防护措施，避免学生碰到桌椅或其他学生。

当训练在户外进行时，老师和安全防护员提前检查场地，避免学生受伤，同时在四周做好防护措施，避免学生在训练中发生碰撞。

（二）训练实施步骤及评分规则说明

（1）将学生分组（建议分成偶数组，4～6组为宜，每组人数8～12名）。

（2）用扑克牌抽签确定各组出场顺序（为增加训练趣味性，建议1组与4组比赛，2组与5组比赛，3组与6组比赛）。

（3）1、4组来到场地中央排好纵队（两组间隔1～2米），由2名其他组的督导给学生分发眼罩，学生先将眼罩戴在头上（暂不遮住眼睛），然后每名学生随机抽取一张扑克牌（两组扑克牌颜色不同）并记住数字，接着马上遮住眼睛。在不参与训练的4组中各选出一名计时员和一名摄影的学生。

（4）督导检查确认每人都遮住眼睛后，老师宣布比赛开始。4名计时员分别对2组计时，4名学生分别对两组拍照和录像，其他组的安全防护员在四周做好防护措施（提醒学生在活动过程中不要走得过快），4名督导分别对两组进行监督，提醒学生遵守规则。

（5）当某组确认他们已经按照抽取的数字从小到大完成排序，并举手示意时，老师确认该组完成训练，计时员结束计时，老师将该组的成绩登记在小组积分榜上。

（6）老师告知已完成的小组的成员可以摘下眼罩，拿出扑克牌，由督导现场确认排序是否正确，并拍照留念。

（7）等待另一组确认他们已经按照抽取的数字从小到大完成排序，并举手示意后，老师确认该组完成训练，计时员结束计时，老师将该组的成绩登记在小组积分榜上。老师告知该小组的成员可以摘下眼罩，拿出扑克牌，由督导现场确认排序是否正确，并拍照留念。

（8）其他组重复（3）～（7）的训练活动步骤，直到整个训练活动结束，根据小组积分榜选出冠、亚、季军并予以嘉奖。

（三）任务分配

各组任务分配表如表5-13所示。

表5-13　各组任务分配表

班级：　　　　　　　　　　组号：　　　　　　　　指导老师：

组长：　　　　　　　　　　学号：

组员				任务分工
姓名	学号	姓名	学号	

续表

组员				任务分工
姓名	学号	姓名	学号	

2.2　训练体验

任务工作单1

（1）训练开始前你是否清楚盲人摸号训练的步骤和规则？请简述该训练的步骤与规则。

（2）训练前你和组员商量了什么样的沟通策略？你们有没有肢体语言编码规则？你们的肢体语言编码规则是什么？在训练过程中，你们是否完全执行了这些策略或规则？

（3）在训练过程中，你们遇到了什么沟通问题或障碍？你们是如何克服这些问题或障碍的？

2.3　感受记录

任务工作单2

（1）抽取数字后，你所在小组的成员的参与积极性如何？你们的心情如何？

（2）你抽取的数字是你期待的数字吗？你抽取数字后的心情如何？

（3）在排序的过程中，有哪些意外发生？发生意外时你的心情是怎样的？

（4）当你所在小组完成训练拿下眼罩后，你们的排序是否正确？你们用时多久？你的心情如何？

2.4 感受分享

老师鼓励学生自愿发言，或挑选部分学生分享（学生应到讲台上发言），老师应肯定学生发言中积极的一面，引导学生思考、讨论，并根据发言的质量给学生加分。

若你有发言的灵感或想法，请将它记录在下面。

2.5 经验总结

任务工作单 3

（1）在训练中，你们是如何对肢体语言进行编码和解码沟通的？如何实现更高效的沟通？

（2）针对训练中出现的沟通障碍问题，有哪些管理学中的沟通理论知识可以借鉴，以便提高沟通效率和效果？

(3)本次训练暴露了你的哪些不良的沟通习惯?你发现自己在哪些方面存在沟通能力短板?

(4)在今后的学习、生活和工作中,你应怎么做才能更好地构建和谐的人际关系?

2.6 实践应用

任务工作单4

(1)在本次训练中,你发现自己在沟通表达方面有哪些不足,这些不足可能给你未来的职业发展带来哪些不利影响?你是否下定决心做出改变?

(2)通过本次训练,你认为应该如何提高自己的沟通表达能力,如何提高沟通表达的效率和效果?请遵循SMART原则制订可行的自我完善计划。请扫描右侧二维码完成实践作业。

实践作业

2.7 评价反馈

请扫描二维码获取评价工作单,完成评价任务。

| 个人自评表 | 小组内互评表 | 小组间互评表 | 老师评价表 |

课后任务

1. 每日三省吾身

每天睡觉前回想一下自己今天的沟通思路和行为：哪些思路和行为体现了你的优点，使你感到开心、充实，或对你的职业发展有利？哪些思路和行为暴露了你的缺点，使你受到了挫折打击，或对职业发展不利？列出你的反思改进计划。

2. 实践应用效果评价

实践应用效果评价表如表5-14所示。

表5-14 实践应用效果评价表

实践应用计划概要	关键行动说明	执行起止时间	实际执行情况	效果反馈	监督人签名

执行人（签名）：　　　　　　　　　　评价时间：

模块六　团队合作拓展训练

在工作和生活中，多数情况下人们需要合作，需要有团队意识和集体荣誉感。团队合作精神是大局意识、协作精神和服务精神的集中体现。团队精神的基础是尊重个人的兴趣和成就，核心是协同合作，最高境界是全体成员拥有极强的向心力、凝聚力。团队精神反映的是个体利益和整体利益的统一，进而保证整体的高效运转。团队精神并不要求团队成员牺牲自我，相反，表现个性、发挥特长，有助于成员们共同完成任务，明确的协作意愿和协作方式能激发团队合作的内心动力。

若没有团队精神，中国国家女子足球队怎样踢出亚洲、走向世界？若没有团结合作、积极进取的精神和人生态度，我国的载人飞船怎能成功地发射和返回，我国的航天技术又如何取得如此大的成就？

孟子说过："天时不如地利，地利不如人和。"这也体现出团队合作精神的重要性。团队合作精神是衡量一个人素质的基本要素之一。

引导故事

有一位英国科学家为了检测蚂蚁的力量，把一盘点燃的蚊香放进一个蚁巢中。最初，蚁巢中的蚂蚁惊恐万分，约20秒后，许多蚂蚁迎难而上，纷纷向蚊香冲去，并喷射出蚁酸。一些"勇士"葬身火海，但它们前仆后继，不到一分钟，终于将火扑灭。存活的蚂蚁立即将"勇士"的尸体送到附近的一块"墓地"上，盖上一层薄土，以示安葬。一个月后，这位科学家又把一支点燃的蜡烛放到原来的那个蚁巢中进行观察。尽管这次火灾更大，蚂蚁却有了经验，迅速调兵遣将，协同作战有条不紊。不到一分钟，烛火就被扑灭，而蚂蚁无一死亡。

科学家认为蚂蚁创造了灭火的奇迹。蚂蚁面临灭顶之灾时的非凡表现，尤其令人震惊。在野火烧起的时候，为了逃生，众多蚂蚁迅速聚拢，抱成一团，然后像滚雪球一样快速滚动，逃离火海。那噼里啪啦的烧焦声，是最外层的蚂蚁用自己的躯体开拓求生之路时的呐喊，是奋不顾身、无怨无悔的呐喊。

在洪水肆虐的时候，聚集在堤坝上的人们凝望着凶猛的波涛。突然有人惊呼："看，那是什么？"一个酷似人头的黑点顺着波浪漂过来，大家正准备当黑点再靠近些时进行营救。"那是蚁球，"一位老者说，"蚂蚁这东西，很有灵性。有一年发大水，我也见过一个蚁球，有篮球那么大。洪水到来时，蚂蚁迅速抱成团，随波漂流。有些蚁球外层的蚂蚁会被波浪打入水中。但只要蚁球能上岸，或者能碰到一个大的漂流物，蚂蚁就得救了。"不久后，蚁球靠岸了，蚁群像靠岸登陆的战士，蚁球被一层一层地打开。岸边的水中留下了一些蚂蚁——蚁球渡水时的英勇牺牲者。

思考：

你从上面的故事中受到什么启发？

项目 12 ｜ 信任与责任训练

学习目标

学习目标如表6-1所示。

表6-1　学习目标

学习目标	关键成果
1. 建立信任关系 2. 锻炼心理素质 3. 培养团队精神 4. 提升沟通能力	1. 在实践中建立起信任关系，增强团队凝聚力 2. 克服恐惧、保持冷静，增强心理素质和应对压力的能力 3. 保持良好的沟通，确保信息的准确传递，从而提高团队的协作效率

学习任务

1. 任务描述

通过实践活动提升参与者的团队合作力、信任力、心理素质和沟通能力，为未来的工作和生活打下良好的基础。

2. 任务分析

（1）重点

通过体验式训练，学生发现团队合作力、信任力、心理素质和沟通能力的重要性，并运用经济学和管理学等知识，找到提高团队合作能力的方法和路径。

（2）难点

学生运用经济学和管理学等知识，找到提高团队合作能力的方法和路径，并在生活和学习中不断地应用。

PDCA循环

3. 素质养成

（1）信任与责任训练强调参与者之间的紧密合作和相互信任，体现了集体主义精神。在活动中每个人都需要为团队的成功付出努力，这有助于培养参与者的集体荣誉感和责任感。

（2）信任与责任训练要求参与者之间建立信任关系，这需要每个人都保持诚信。通过活动，参与者能够深刻理解诚信在人际交往和团队合作中的重要性，从而增强诚信意识。

（3）信任与责任训练要求参与者之间密切协作，共同完成任务。这有助于培养参与者的团队协作能力和合作精神，提高团队的整体效能。

（4）信任与责任训练需要参与者克服恐惧、保持冷静，这有助于锻炼参与者的心理素质和应对压力的能力。

课前任务

1. 阅读有关"信任与责任"的书籍

推荐书目如下。

（1）《信任的本质：基于行为与神经实验的研究》；作者：郑昊力；出版社：浙江大学出版社；出版时间：2022年；ISBN：978-7-308-22147-4。

（2）《信任的速度》；作者：史蒂芬·M.R.柯维，丽贝卡·R.梅里尔；出版社：中国青年出版社；出版时间：2008年；ISBN：978-7-5006-8287-5。

（3）《赢在责任心 胜在执行力（第三版）》；作者：孙义，郭东峰；出版社：人民日报出版社；出版时间：2018年；ISBN：978-7-5115-5216-7。

2. 思考答题

阅读关于"信任与责任"的书籍后回答：你认为什么是责任？你认为责任与信任、成功之间是什么关系？信任与责任对你的生活、学习、社会实践或今后的工作、创业有什么意义？你该怎么做呢？

课中任务

任务1 信任与责任训练：信任背摔

信任背摔是一项锻炼团队合作力及团队成员信任力的活动，是一项拓展心理素质的活动，目的是建立起参与者之间的信任关系。同时，这项活动还可以锻炼参与者的心理素质，帮助参与者克服恐惧。

1.1 训练前的准备与规则说明

（一）训练前的准备

（1）一般将学生分为4～6组，每组9～12名学生。

（2）训练道具准备如表6-2所示。

表6-2 信任背摔道具表

序号	材料名称	数量	备注
1	绑手绳	2根	宽度不短于2厘米，长度不短于80厘米
2	垫子	4张	用于防护
3	扑克牌	1副	用于抽签

（3）场地准备

拓展训练背摔台、操场或其他开阔平坦的场地（周边没有硬质的障碍物，比如足球门等），一个1.5～1.8米高的平台。

（4）教学准备

① 训练开始之前，在学生中选出几名安全防护员，其他所有学生摘下手表、饰品以及带扣的腰带等尖锐物件，并把衣兜清空。安全防护员检查确认，然后在场地中央铺好防护垫。

② 老师询问是否有患有心脏病、高血压、安装有心脏支架、骨折等不适合参加信任背摔的学生，如果有，邀请他们做助教或协助拍照、拍视频等。

③ 老师先讲解在台下执行承接任务的安全防护员的动作要领和安全注意事项，带领学生现场示范。

④ 老师讲解执行背摔任务的志愿者的动作要领：志愿者双手于身前反向交叉、掌心相对、十指相扣，然后从内侧由下向上举至胸前，老师用绑手绳将志愿者的双手以活结捆绑，带领学生现场示范。

⑤ 老师站在台上，邀请一名志愿者讲解信任背摔的师生对话程序和要求，对话如下。

老师说："下面的朋友（指的是承接员和侧面防护员），你们准备好了吗？"

承接员和侧面防护员齐声说："准备好了！"

当执行背摔任务的志愿者双手被绑住后，老师说："××同学（志愿者），你是最棒的！"老师竖起拇指，与该同学对视。

志愿者大声说："我是最棒的！"

老师说："你有没有信心？"

志愿者大声说："有！"

志愿者准备好后，说："请朋友们保护我。"

承接员准备好后集体回答："请你相信我们！"

老师指挥所有学生齐声高呼："我们相信你！"

老师（观察确认台下承接员和侧面防护员的状态良好后）开始倒计时："3、2、1。"志愿者应声倒下。

（二）训练步骤及训练要点

（1）训练步骤

① 选一组志愿者在平台旁排好队，由一位志愿者登上高台，双手于身前反向交叉、掌心相对、十指相扣，从内侧由下向上举至胸前，老师用绑手绳将志愿者的双手以活结捆绑，志愿者等待命令。

② 其他学生在高台下面排成两列，负责承接志愿者。承接员必须肩并肩从低到高排成两列，相对而立，脚踩在垫子上（脚内侧相接，膝盖微微弯曲），向前伸直手臂，交替排列，掌心向上，形成一个安全的承接轨道。不能和对面的学生拉手或者彼此攥住对方的手臂或手腕，因为这样在承接志愿者时，很有可能会相互碰撞。侧面防护员站在每位承接员身后，伸出双手放在承接员头两侧（略高于头部），眼睛紧盯执行背摔的志愿者，若志愿者倒下时偏向一侧或腿脚向外向上伸开，侧面防护员应及时将志愿者拉回承接轨道，不可用力过猛。如果志愿者的身高超过1.8米，需要增加承接员至5组以上，并增加志愿者头部防护员，避免志愿者从承接轨道上滑出。

③ 执行"（一）训练前的准备"中⑤的对话。

④ 老师的职责是保护志愿者正确倒在两列承接员之间的承接轨道上。因为志愿者要向后倒，所以他必须背对承接队伍。志愿者应两腿夹紧，两臂夹紧身体，倒下时要始终挺直身体，不能弯曲，避免对承接员造成伤害，还应将头部与身体保持平直，自然放松。

⑤ 老师应该查看承接员是否按身高由低到高排列，必要时让他们重新排列，或者发现有承接员疲劳时让其他学生替代该承接员。

⑥ 志愿者应该让老师知道他什么时候倒下。倒计时结束之后，志愿者才能倒下。

⑦ 承接员接住志愿者并将其轻放在垫子上，为其解开绑手绳。

⑧ 完成背摔的志愿者成为新的承接员或侧面防护员。

⑨ 重复上述步骤，让每个学生都能充当承接员和志愿者。

（2）训练要点

① 承接员要摘下眼镜、手表、饰品等物品，以免擦伤他人或自己。

② 应尽量保证身高相近的承接员站在一起，并让身高较矮的排在靠近平台的地方，身高较高的排在离平台较远的地方。承接员要脚靠脚，腿并紧，手臂伸直，掌心向上，只有与身边的人紧密相依，才能保证志愿者的安全。

③ 志愿者准备好后，由老师向志愿者发出开始的口令。志愿者的头部与身体保持平直，自然放松，不能昂头，肩也要收紧，保持自然状态倒下。

④ 如果有的学生胆怯，可以先让他当承接员，并不断在训练过程中鼓励他。如果大家都非常胆怯，可以降低平台的高度，或者在平地上进行。

⑤ 训练结束后，让每个学生分享自己的感受。

（三）任务分配

各组任务分配表如表6-3所示。

表6-3　各组任务分配表

班级：　　　　　　　　　组号：　　　　　　　　指导老师：

组长：　　　　　　　　　学号：

组员				任务分工
姓名	学号	姓名	学号	

1.2　训练体验

任务工作单 1

（1）训练开始前你是否清楚信任背摔的训练步骤？请简述信任背摔的训练步骤。

（2）信任背摔训练有哪些安全注意事项？安全防护员有没有通知和检查安全注意事项？你是否遵守了安全注意事项？

1.3　感受记录

任务工作单 2

（1）在老师讲解规则、示范动作要领时，你的感受是什么？

（2）当你看到执行背摔任务的同学因动作标准或不标准而产生不同反应的时候，你的感受是如何的，是跃跃欲试还是更加害怕，或是其他呢？

（3）当你站在平台上，即将执行背摔任务时，你有何感受？

（4）当你执行背摔任务时，你的感受是什么？你是否信任承接员，是否感到恐惧？你是如何战胜恐惧的？

（5）如果你是安全防护员，在搬运道具、充当承接员时，你有什么感受？当你的身份从承接员转变成志愿者时，你的心情有什么变化？

1.4 感受分享

老师鼓励学生自愿发言，或挑选部分学生分享（学生应到讲台上发言），老师应肯定学生发言中积极的一面，引导学生思考、讨论，并根据发言的质量给学生加分。

若你有发言的灵感或想法，请将它记录在下面。

1.5 经验总结

| 任务工作单3 |

（1）结合自身的性格特点，对照你在训练过程中的行为表现，你对自己有哪些认识和思考？你有哪些进步的表现？哪些方面表现得还不够好？你的心态积极吗？

（2）你是如何看待信任二字的？你认为何时应该信任，何时应该有条件地信任？

（3）你认为不同性格的人是如何面对恐惧的？你是如何面对恐惧的？

1.6　实践应用

任务工作单 4

（1）所有商业项目都是有风险的，人生选择也是有风险的。遇到机遇时，你会如何选择？

（2）通过本次训练，你认为应该如何提高团队合作能力，如何提高与团队成员间的信任？请遵循 SMART 原则制订可行的自我完善计划。请扫描右侧二维码完成实践作业。

实践作业

1.7　评价反馈

请扫描二维码获取评价工作单，完成评价任务。

个人自评表　　　小组内互评表　　　小组间互评表　　　老师评价表

任务 2　信任与责任训练：有口难言

活动简介如下。

1. 历史背景

在古代，存在过一个辉煌的玛雅文明，他们拥有先进的科技和丰富的文化。然而，由于一场突如其来的灾难，玛雅文明的古城被埋没在了历史的尘埃中，逐渐被人遗忘。这座古城被称为"遗失的仙境"，传说它蕴藏着无尽的智慧与宝藏。

2. 传说与宝藏

传说中，古城的创始者们在城中埋藏了一份巨大的宝藏，并留下了一系列谜题与机关，以保护宝藏不被外人所得。只有真正勇敢、智慧和团结的人，才能解开谜题，找到宝藏。

3. 探险队的成立

随着时间的推移，人们对这座古城的传说越来越感兴趣。于是，一支由各地探险家、学者和勇士组成的探险队应运而生。探险队立志要寻找这座消失的古城，解开其中的谜题，寻找传说中的宝藏。

4. 探险队的挑战

在寻找古城的过程中，探险队成员们将面临各种未知的危险与挑战，他们需要通过团队合作，解开谜题，克服机关，才能逐步接近古城。古城内部更是充满了重重谜题与考验，只有真正团结一心、智慧过人的探险队才能成功找到宝藏。

5. 探险队的要求

你们属于古城探险队的一部分，你们找到了一个能带领大家到达古城遗址的向导。通过翻译大费周章地解释，那位向导才相信你们的探险多么重要，并且同意带你们去古城。传说，古城的地面上散落着很多的金币和珍贵的宝石，如果任何宝物被带出古城，灾难将会降临到带走宝物的人身上。因此只有你们答应蒙上眼睛，以后不会再找到通往古城路，向导才同意带路。向导不信任你们的翻译，因此翻译不能和大家一起去古城。你们和向导语言不通，因此不能和向导进行语言交流，但是可以发出其他声音表达意愿，每次交流时只能用手触碰向导。

6. 探险的意义与收获

通过拓展训练，参与者不仅能够体验到探险的刺激与乐趣，还能锻炼自己的勇气、智慧和团队协作能力。参与者不仅能够收获珍贵的友情与回忆，更能从训练中汲取宝贵的人生经验与智慧。

2.1 训练前的准备与规则说明

（一）训练前的准备

（1）一般将学生分为4～6组，每组9～12名学生。

（2）训练道具准备如表6-4所示。

表6-4 训练道具准备

序号	材料名称	数量	备注
1	眼罩	36～72个	每个学生1个
2	扑克牌	1副	用于抽签

（二）训练步骤与要点

（1）训练步骤如下。

① 选一段安全的林间小径，沿路设置一些障碍，比如放置一些树枝或者一段树干。

② 所有学生都蒙上眼罩，直到训练结束。同时，老师要选出两位学生作为安全员，安全员始终和学生在一起。如果有人遇到困难，保证随时都能找到安全员。

③ 学生蒙上眼罩后，老师介绍任务背景。

④ 老师在介绍完毕后，拍拍一个学生的肩膀示意他把眼罩摘掉，将他带离队伍，不让其他人听到你们的谈话。指定这位学生当向导，让他负责带领整个队伍安全到达目的地。

⑤ 把向导带到队伍中，告诉学生向导已指定，准备出发。训练过程中有可能发生意外，因此要让学生做好充分的心理准备。

⑥ 到达目的地，稍作休息后，让学生原路返回，让学生在返回时确认沿路的声音的来源。

（2）训练要点如下。

① 学生在训练过程中不能讲话，只能通过发出声音及与向导的肢体语言沟通加强彼此之间的了解和信任。

②训练结束后，让每个学生分享自己的感受。

（三）任务分配

各组任务分配表如表6-5所示。

表6-5　各组任务分配表

班级：　　　　　　　　　　组号：　　　　　　　　　　指导老师：

组长：　　　　　　　　　　学号：

组员				任务分工
姓名	学号	姓名	学号	

2.2　训练体验

任务工作单 1

（1）你是否清楚有口难言的训练步骤？请简述有口难言的训练步骤。

（2）训练刚开始时你信任那位向导吗？训练快结束时你信任向导吗？为什么？

2.3 感受记录

任务工作单 2

（1）当听到老师讲解故事背景以及训练规则时，你的感受是怎样的？

（2）你在训练过程中听到了什么声音？

（3）在蒙着眼睛走路时，你有什么感受？

（4）在队伍行进过程中，你排在队尾时有何感受？

（5）在整个行进过程中，队伍成员之间的信任水平是提高了还是下降了？

2.4 感受分享

老师鼓励学生自愿发言，或挑选部分学生分享（学生应到讲台上发言），老师应肯定学生发言中积极的一面，引导学生思考、讨论，并根据发言的质量给学生加分。

若你有发言的灵感或想法，请将它记录在下面。

2.5 经验总结

任务工作单 3

（1）结合自身的性格特点，对照你在整个训练过程中的行为表现，你对自己有哪些认识和思考？你有哪些进步的表现？哪些方面表现得还不够好？你的心态积极吗？

（2）你是如何看待信任二字的？你认为何时应该信任，何时应该有条件地信任？

（3）你认为不同性格的人是如何面对恐惧的？你是如何面对恐惧的？

2.6 实践应用

任务工作单 4

（1）所有商业项目都是有风险的，人生选择也是有风险的。遇到机遇时，你会如何选择？

（2）通过本次训练，你认为应该如何提高团队合作能力，如何提高与团队成员间的信任？请遵循SMART原则制订可行的自我完善计划。请扫描右侧二维码完成实践作业。

实践作业

2.7 评价反馈

请扫描二维码获取评价工作单，完成评价任务。

| 个人自评表 | 小组内互评表 | 小组间互评表 | 老师评价表 |

▶ 课后任务

1. 每日三省吾身

每天睡觉前回想一下自己今天在信任与责任方面的表现、思路和行为：哪些思路和行为体现了你的优点，使你感到开心或充实，或对你的职业发展有利？哪些思路和行为暴露了你的缺点，使你受到了挫折打击，或对职业发展不利？列出你的反思改进计划。

2. 实践应用效果评价

实践应用效果评价表如表6-6所示。

表6-6 实践应用效果评价表

实践应用计划概要	关键行动说明	执行起止时间	实际执行情况	效果反馈	监督人签名

执行人（签名）：　　　　　　　　　评价时间：

项目 13 | 团队合作训练

学习目标

学习目标如表6-7所示。

表6-7 学习目标

学习目标	关键成果
1. 认识到团队合作的重要性 2. 树立团队合作观念，学会快速融入团队 3. 学会合理分工协作，共同完成团队任务 4. 培养领导力、组织协调能力	1. 发现自身在团队合作方面存在的问题，并制订对应的自我提升计划 2. 能灵活地处理团队合作中的问题，提高团队合作的效率

学习任务

1. 任务描述

团队合作训练的主要目的是锻炼学生的团队分工协作能力及组织与协调能力。通过团队合作训练，学生发现团队或个人在团队合作中存在的问题。通过对训练中出现的矛盾与冲突的逐步解决，学生运用经济学（资源充分利用）、管理学（PDCA循环、分工协作、动作标准化）等知识提高团队的合作意识和合作精神。

2. 任务分析

（1）重点

通过体验式训练，学生发现个人和团队在团队分工协作中存在的问题，运用经济学（资源充分利用）、管理学（PDCA循环、分工协作、动作标准化）等知识，找到提高团队合作能力的方法和路径。

团队合作训练的理论基础与训练方法

如何分工与合作提高工作效率

（2）难点

学生找到提高团队合作能力的方法和路径后，能在生活和学习中不断地应用。

3. 素质养成

（1）通过训练体验，学生认识到分工协作的重要性，促进养成团队合作的意识。

（2）引导学生树立团队分工协作的观念。

（3）引导学生思考经济学核心问题——如何用有限的资源满足无限的需求，并引导学生思考如何充分利用身边的各种资源。

（4）以中华优秀传统文化引导学生树立积极的人生观和价值观，学会团队合作。

📲 课前任务

大学生团队合作意识状况调查

请扫描右侧二维码参与调查。

大学生团队合作意识
状况调查

📲 课中任务

任务1　团队沟通与协作训练：绑腿竞走

绑腿竞走是一个户外的团队合作拓展训练项目，主要目的是锻炼学生的团队合作能力及组织协调能力。将学生分为4～6组，每组9～12人，训练开始前用绑腿绳将全组成员的脚踝依次捆绑在一起，在操场上或其他开阔平坦场地上，站在起跑线上做好准备，待发令员发令后开始比赛。各小组需齐步行走80～100米，当到达终点时，裁判员吹哨，计时员记下小组完成训练所用的时间，用时最短的小组获得冠军。训练分为两轮，第一轮为绑腿竞走，第二轮为蒙眼绑腿竞走。

1.1　训练前的准备与规则说明

（一）训练前的准备

（1）一般将学生分为4～6组，每组9～12名学生。

（2）训练道具准备如表6-8所示。

表6-8　训练道具准备

序号	材料名称	数量	备注
1	绑腿绳	36～72根	绑腿绳的宽度不短于2厘米，长度不短于80厘米
2	眼罩	100个	第二轮比赛时用于蒙眼
3	扑克牌	1副	用于抽签

（3）场地准备

操场或其他开阔平坦的场地（周边没有硬质的障碍物，比如足球门等）。老师事先规划训练场地，画好起跑线、折返线、终点线。

（二）训练规则及实施说明

用扑克牌抽签确定各小组出场次序。

（1）第一轮训练步骤如下。

①训练开始前选出2名计时员、2名安全防护员和1名摄影师。

②确认所有参与训练的学生都清楚训练的规则。

③老师发出口令："计时员准备，秒表调零。"计时员举手示意，老师接着发出口令："3，2，1，计时开始。"

④训练过程中，老师对每位学生的表现进行观察和记录，对违反训练规则的行为予以制止，引导学生发扬团队合作精神，激发学生的好胜心。

⑤ 在该组到达终点前，由老师给下一组发放绑腿绳。

⑥ 在该组退场后，提醒学生及时记录训练感受，并将训练道具交还给老师。

⑦ 其他小组依次出场，重复步骤③~⑥。

（2）第二轮（蒙眼绑腿竞走）训练步骤如下。

① 训练开始前学生领取绑腿绳和眼罩，老师选出2名计时员、2名安全防护员和1名摄影师。

② 确认所有参与训练的学生都清楚训练的规则，不参与训练的小组的督导检查所有学生的眼罩是否戴好，确认所有学生都戴好眼罩后举手示意老师。

③ 老师发出口令："计时员准备，秒表调零。"计时员举手示意，安全防护员与摄影师做好准备并举手示意后，老师接着发出指令："3，2，1，计时开始。"

④ 训练过程中，老师对每位学生的表现进行观察和记录，对违反训练规则的行为予以制止，引导学生发扬团队合作精神，激发学生的争胜心。

⑤ 在该组到达终点前，由老师给下一组发放绑腿绳。

⑥ 在该组退场后，提醒学生及时记录训练感受，并将训练道具交还给老师。

⑦ 其他小组依次出场，重复步骤②~⑥。

（3）安全注意与分工如下。

安全防护员职责：

① 对本组成员进行检查，确保每位学生都穿着运动服或宽松的休闲服、运动鞋（不能穿高跟鞋），袜子遮住脚踝。

② 在第二轮蒙眼绑腿竞走中，在学生摔倒时给予搀扶，帮忙系鞋带或绑腿绳。

③ 在蒙眼绑腿竞走训练中，在学生可能撞上的障碍物前大于2米处提醒，并帮助他们调整方向。

④ 在蒙眼绑腿竞走训练中，当小组的前进方向与原方向偏离45度以上时，帮助他们调整方向。

⑤ 参赛队伍的安全防护员禁止参与，除非老师有明确的指令。

计时员（2名）职责：听从指令开始和结束计时。

摄影师（1名）职责：全程录像、拍摄照片。

（三）任务分配

各组任务分配表如表6-9所示。

表6-9　各组任务分配表

班级：　　　　　　　　组号：　　　　　　　　指导老师：

组长：　　　　　　　　学号：

组员				任务分工
姓名	学号	姓名	学号	

续表

组员				任务分工
姓名	学号	姓名	学号	

1.2 训练体验

任务工作单1

(1)训练开始前你是否清楚绑腿竞走的训练步骤?请简述绑腿竞走的训练步骤。

(2)你是否清楚绑腿竞走的训练规则?请简述绑腿竞走的训练规则。

(3)绑腿竞走有哪些安全注意事项?安全防护员有没有通知和按时检查安全注意事项?你是否遵守了安全注意事项?

(4)训练开始前,你有什么建议能帮助小组获胜?你们是如何训练的?

1.3 感受记录

任务工作单2

(1)抽签前你认为你所在小组第几个出场比较有利?抽签完毕后,你感觉如何?谁在小组中扮演指挥角色?你们制订了什么策略或计划呢?

（2）你所在小组有没有统一进行时间管理？你们的沟通、交流、训练效果怎么样？小组成员参与训练的积极性怎么样？

（3）在绑腿竞走训练中，你们遇到了哪些问题，你们是怎么解决的？

（4）你对训练成绩满意吗？你认为你所在小组表现怎么样？组员之间是否相互配合？

（5）你认为组长的领导力如何？训练过程中是否有新的领袖产生？你认为应如何提高组织能力？

1.4　感受分享

老师鼓励学生自愿发言，或挑选部分学生分享（学生应到讲台上发言），老师应肯定学生发言中积极的一面，引导学生思考、讨论，并根据发言的质量给学生加分。

若你有发言的灵感或想法，请将它记录在下面。

1.5　经验总结

任务工作单3

（1）结合自身的性格特点，对照你在整个训练过程中的行为表现，你对自己有哪些认识和思考？你有哪些进步？哪些方面表现得还不够好？你的心态积极吗？

（2）在比赛过程中，你们是否设计了某些动作的标准（如步伐大小、口令、转弯幅度等）？你们是否考虑到男女交替搭配的方法？管理学中的动作标准化和分工协作理论对你有什么启发？

（3）你如何看待绑腿绳的松紧问题？你认为系得松些好，还是系得紧些好呢？为什么？"系绳松紧"对你的学习和人际交往有什么启发？

1.6　实践应用

任务工作单4

（1）请结合管理学、经济学原理思考，你所在小组可以采取哪些具体措施提高绑腿竞走训练成绩，培养团队合作的精神。

（2）通过本次训练，你认为应该如何提高团队合作能力，如何提高个人执行力或领导力？请遵循SMART原则制订可行的自我完善计划。请扫描右侧二维码完成实践作业。

实践作业

1.7　评价反馈

请扫描二维码获取评价工作单，完成评价任务。

个人自评表

小组内互评表

小组间互评表

老师评价表

任务2 团队分工协作训练：趣味气球训练

趣味气球训练也叫"合力吹气球"，是一个室内的团队分工协作的拓展训练项目，主要目的是锻炼学生的团队合作能力及组织协调能力。将学生分为4～6组，每组9～12人，训练前准备好6张角色卡片（嘴1张、手2张、屁股1张、腿2张）、彩色圆形气球、扑克牌等。抽签确定各组出场顺序，抽到嘴的人必须在抽到手的两人腿帮助下把气球吹大（抽到嘴的人不能用自己的手）；然后两个抽到腿的人抬起抽到屁股的人，用他的屁股把气球压破。计时员记下每个小组所用的时间，用时最短的小组获得冠军。训练分为两轮，第一轮抽签确定参赛者的角色，第二轮自行协商确定参赛者的角色。

2.1 训练前的准备与规则说明

（一）训练前的准备

（1）一般将学生分为4～6组，每组9～12名学生。

（2）训练道具准备如表6-10所示。

表6-10 训练道具准备

序号	材料名称	数量	备注
1	彩色圆形气球	20～30个	圆形中号气球，每组2～3个
2	角色卡片	6张	6张角色卡片包括：嘴1张、手2张、屁股1张、腿2张
3	扑克牌	1副	用于抽签决定出场顺序

（3）场地准备

有活动桌椅的教室或户外平整的无风或有微风的场地。教室里，奇数组的桌椅按照"U"形排列，偶数组的桌椅按"八"字形排列。教室或户外场地的中间是训练体验舞台，便于其他小组观摩和监督。

（二）训练规则及实施说明

（1）用扑克牌抽签确定各小组出场顺序。

（2）训练分为两轮，第一轮每组派出6名学生抽签分配6个角色，第二轮每组派出6名学生自愿分配6个角色，每名学生必须参与至少1轮训练。

（3）第一轮训练步骤如下。

① 各组抽签决定出场顺序，组长征选6人参加第一轮训练。

② 参与训练的学生依次到教室中间抽取角色卡片，所有参与训练的学生同时将角色卡片举在胸前，摄影师拍照确认。

③ 抽到嘴的同学领取一个气球，确认气球完好后，准备10秒钟（计时员开始计时）。若训练未完成时气球破损，则该小组任务失败扣10分。

④ 准备时间结束，老师确认摄影师、督导准备就绪，发出指令，训练开始。

⑤ 抽到嘴的人必须在抽到手的两人的帮助下把气球吹大（抽到嘴的人不能用自己的手）。

⑥ 由抽到手的两人将气球口扎住（过程中不能借助外物），将气球放在场地中央。

⑦ 抽到腿的两人抬起抽到屁股的人，把气球压破（参与训练的6人均不能用手或脚等接触气球）。

⑧ 计时员结束计时，记录该组完成训练的用时。（如果有学生违反训练规则，每次加30秒）

⑨ 其他小组按步骤②～⑧依次进行训练体验，各组学生在训练体验结束后立即记录训练感受。老师公布成绩，并将成绩计入各组积分排行榜。

（4）第二轮训练步骤如下。

① 各组抽签决定出场顺序（或按照上轮训练出场倒序），组长征选6人参加第二轮竞赛。

② 参与训练的学生在组长领导下协商分配角色，同时将角色卡片举在胸前，摄影师拍照确认。

③ 抽到嘴的学生领取一个气球，确认气球完好后，准备10秒钟（计时员开始计时）。若训练未完成时气球破损，则该小组任务失败扣10分。

④ 准备时间结束，老师确认摄影师、督导准备就绪，发出指令，训练开始。

⑤ 抽到嘴的人必须在抽到手的两人的帮助下把气球吹大（抽到嘴的人不能用自己的手）。

⑥ 由抽到手的两人将气球口扎住（过程中不能借助外物），将气球放在场地央。

⑦ 抽到腿的两人抬起抽到屁股的人，把气球压破（参与训练的6人均不能用手或脚等接触气球）。

⑧ 计时员结束计时，记录该组完成训练的用时（如果有学生违反训练规则，每次加30秒）。

⑨ 其他小组按步骤②～⑧依次进行训练体验，各组学生在训练体验结束后立即记录训练感受。老师公布成绩，并将成绩计入各组积分排行榜。

（三）任务分配

各组任务分配表如表6-11所示。

表6-11　各组任务分配表

班级：　　　　　　　　　组号：　　　　　　　　　指导老师：

组长：　　　　　　　　　学号：

组员				任务分工
姓名	学号	姓名	学号	

2.2　训练体验

任务工作单 1

（1）训练开始前你是否清楚趣味气球训练的体验步骤？请简述趣味气球训练的体验步骤。

（2）你是否清楚趣味气球训练的规则？请简述趣味气球训练的规则。

（3）你是否积极主动地参与这个训练？你有什么担心和顾虑呢？其他组员的参与积极性如何？

（4）训练开始前，你有什么建议能帮助小组获胜？

2.3　感受记录

任务工作单 2

（1）抽签前你认为你所在小组第几个出场比较有利？抽签完毕后，你感觉如何？谁在小组中扮演指挥角色？你们制订了什么策略或计划呢？

（2）训练开始前你想选哪个角色？你所在的小组是如何计划和分工的？

（3）抽完角色卡片后，你们有什么反应？

（4）你对训练成绩满意吗？你认为你所在小组表现怎么样？组员之间是否相互配合？

（5）在训练中，你们遇到了哪些问题，你们是怎么解决这些问题的？你认为组长的领导力如何？训练过程中是否有新的领袖产生？你认为应如何提高组织能力？

2.4 感受分享

老师鼓励学生自愿发言，或挑选部分学生分享（学生应到讲台上发言），老师应肯定学生发言中积极的一面，引导学生思考、讨论，并根据发言的质量给学生加分。

若你有发言的灵感或想法，请将它记录在下面。

2.5 经验总结

任务工作单3

（1）结合自身的性格特点，对照自己在整个训练过程中的行为表现，你对自己有哪些认识和思考？你有哪些进步的表现？哪些方面表现得还不够好？如何提高自己的积极性？

（2）在训练过程中，你们是否明确了关键工序（如捆扎气球）的操作方法，是否规定了动作标准化（如吹气球的大小）？关键工序和动作标准化分别是什么？你们是怎样提高此工序的工作效率的？你们在训练开始前是怎样训练的？管理学中的动作标准化和分工协作理论对你有什么启发？

（3）在此次训练中，你们的时间管理效率怎么样？哪些方面出现了浪费时间的问题？你认为应该从哪些方面提高时间管理效率呢？

（4）结合经济学、管理学、营销学等理论，趣味气球训练对你有什么启发？你认为应如何提高资源利用效率？你认为有哪些资源被你浪费了？

2.6　实践应用

任务工作单4

（1）请结合管理学、经济学原理思考，你所在小组可以采取哪些具体措施提高趣味气球训练的成绩。

（2）通过本次训练，你认为遵循哪些原则进行分工能提高团队合作效率？你认为应该如何提高团队合作能力，如何提高个人执行力或领导力？请遵循SMART原则制订可行的自我完善计划。请扫描右侧二维码完成实践作业。

实践作业

2.7　评价反馈

请扫描二维码获取评价工作单，完成评价任务。

个人自评表　小组内互评表　小组间互评表　老师评价表

任务3 团队合作训练: 生死电网

3.1 训练前的准备与规则说明

(一)训练前的准备

(1)一般将学生分为4~6组,每组9~12名学生。

(2)训练道具准备如表6-12所示。

表6-12 训练道具准备

序号	材料名称	数量	备注
1	粗尼龙绳或麻绳	15~25米	直径1~1.5厘米,用于编织成网,模拟高压电网
2	细尼龙绳或麻绳	20~25米	直径0.3~0.4厘米,用于编织成网,模拟高压电网
3	眼罩	10个左右	用于罩住触网的学生
4	彩色布条	10~15根	颜色多为红色、橙色或黄色,标记已用网眼
5	扑克牌	1副	用于抽签决定出场顺序

(3)场地准备

本训练可以在素质拓展训练基地的专业器械上进行,若没有器械可以选择两棵大树或两根立柱(大树或立柱之间的距离为4.5~5米)。

(二)训练规则及实施说明

(1)训练过程规则如下。

① 生死电网也叫穿越蛛网,它是一个团队合作项目,要求所有人在15分钟以内,从网眼中穿过,到达电网的另一边。

② 每个网眼只能通过一人,通过后立即悬挂彩色布条将网眼封闭。

③ 任何人、任何物品不可以触碰电网(包括树或立柱),身体的任何部位、任何物品触网均视为违规,包括头发、衣服、鞋子等。被触碰到的网眼立即封闭,正在通过的人戴上眼罩表示"触电身亡"("牺牲"者应继续被运送过电网,但是被触碰的网眼不能再使用了,"牺牲"者也不能协助其他学生穿越电网)。

④ 穿越电网的唯一通道是未封闭的网眼,电网两边的学生不可来回穿越。

⑤ 每安全运送过一位学生得20分,每运送过一位"牺牲"者得5分。已穿过电网的学生如果在协助运送学生的过程中触碰电网,则变成"牺牲"者,此后禁止参与协助运送学生的任务。

(2)安全注意事项如下。

① 检查场地上是否有尖锐物体,要求学生把携带的硬物、手机等放在安全的地方。

② 每组在穿越电网时,严禁将学生从电网上甩过去。

③ 严禁学生以鱼跃空翻的方式越过电网。

④ 在即将安全通过电网时,应先放下被运送的学生的脚,再放下该学生的头部,在该学员完全站稳之前,任何人不得松手。

⑤ 在运送女生过电网时应该使其面朝上,敏感的身体部位尽可能由女生承接。

⑥ 老师发现学生的动作有危险时,应果断叫停,学生必须服从老师的指令。

（3）训练操作流程如下。

① 老师提前布置场地，电网的高度大于2米，宽度大于4米，根据学生的体型设置网眼的大小，数量应大于小组平均人数的120%。

② 将学生分成4～6个小组，每组9～12人，抽签决定小组出场顺序。

③ 老师念出训练开场白："你们各小组是国际维和部队的特战小分队，此时你们刚刚完成了深入敌后侦察、破坏敌方通信系统、营救人质以及其他的维和任务，马上就要冲出敌方在森林中的营地，但唯一的出路被一面高压电网封锁住了，你们必须穿越电网。你们仅有5分钟时间，因为敌军的巡逻间歇只有5分钟，一旦有人触网'牺牲'，敌军的警报立即响起，敌军最晚会在5分钟后赶到，未通过者将全部'牺牲'。"

④ 每组有1分钟的准备时间，商量策略计划，做好人员分工。

⑤ 准备时间结束，老师确认摄影师、督导、计时员准备就绪，发出指令，训练开始。

⑥ 训练过程中老师尽量在人数较少的电网一侧，近距离观察、监督，同时做好保护准备。在电网两侧各有1名视频监督（由未参加训练的督导轮流担任），计时员至少2人，其他各组学生退后至2米外。

⑦ 若有学生触网，一名督导在被触碰的网眼上系上彩色布条，另一名督导给"牺牲"者戴上眼罩，然后训练继续。

⑧ 计时结束或所有学生越过电网后，统计每组安全越过电网的学生和"牺牲"者的人数。

⑨ 计时员记录各组完成训练的用时（如果有学生违反训练规则，每次加30秒）。

⑩ 其他小组按步骤⑤～⑨依次进行训练体验，各组学生在训练体验结束后立即记录训练感受。老师公布成绩，并将成绩计入各组积分排行榜。

（三）任务分配

各组任务分配表如表6-13所示。

表6-13　各组任务分配表

班级：　　　　　　　　组号：　　　　　　　　指导老师：

组长：　　　　　　　　学号：

组员				任务分工
姓名	学号	姓名	学号	

3.2 训练体验

| 任务工作单 1 |

(1)训练开始前你是否清楚生死电网的训练步骤?请简述生死电网的训练步骤。

(2)你是否清楚生死电网的训练规则?请简述生死电网的训练规则。

(3)你是否积极主动、认真地参与这个训练?你有什么担心和顾虑呢?其他组员的参与积极性如何?

(4)训练开始前,你是否提出了能帮助小组获胜的建议?建议是否被采纳?

3.3 感受记录

| 任务工作单 2 |

(1)谁在小组中扮演指挥角色?训练开始前你们制订了什么策略或计划呢?你们是如何分工、如何分配网眼的?

(2)面对电网的时候,你的第一感觉是什么?你有信心通过电网吗?

(3)你所在小组在执行穿越电网任务时是什么状态,是从容有序还是慌乱无序?你被人抬起后的感觉怎么样?你有什么反应?你或队友是否触网了?你的心情是怎样的?

（4）你对训练成绩满意吗？你认为你所在小组表现怎么样？组员之间是否相互配合？

（5）在训练中，你们遇到了哪些问题，你们是怎么解决这些问题的？你认为组长的领导力如何？训练过程中是否有新的领袖产生？你认为应如何提高组织能力？

3.4 感受分享

老师鼓励学生自愿发言，或挑选部分学生分享（学生应到讲台上发言），老师应肯定学生发言中积极的一面，引导学生思考、讨论，并根据发言的质量给学生加分。

若你有发言的灵感或想法，请将它记录在下面。

3.5 经验总结

任务工作单 3

（1）结合自身的性格特点，对照自己在整个训练过程中的行为表现，你对自己有哪些认识和思考？你有哪些进步的表现？哪些方面表现得还不够好？你认为应如何培养自己的团队合作精神？

（2）在训练过程中，我们可以利用的资源有哪些？你们对哪些资源利用得充分，对哪些资源利用得不充分？管理学中的动作标准化和分工协作理论对你有什么启发？

（3）在此次训练中，你们的时间管理效率怎么样？哪些方面出现了浪费时间的问题？你认为应该从哪些方面提高时间管理效率呢？

（4）结合经济学、管理学、营销学等理论，你认为应如何提高资源利用效率和团队合作效率呢?

3.6　实践应用

任务工作单 4

（1）请结合管理学、经济学原理思考，你所在小组可以采取哪些具体措施提高生死电网的训练成绩。

（2）通过本次训练，你认为遵循哪些原则进行分工能提高团队合作效率？你自身在团队合作方面存在的问题是什么？你认为应如何提高个人执行力或领导力？请遵循 SMART 原则制订可行的自我完善计划。请扫描右侧二维码完成实践作业。

实践作业

3.7　评价反馈

请扫描二维码获取评价工作单，完成评价任务。

个人自评表　　　小组内互评表　　　小组间互评表　　　老师评价表

任务4　团队合作训练：织网颠球

织网颠球是一种团队拓展训练，它结合了户外挑战与团队合作的元素，旨在培养参与者的团队协作能力。此训练要求团队成员合作，编织出一个足够坚固的网，通过颠球的方式检验网的质量和团队协作能力。

4.1　训练前的准备与规则说明

（一）训练前的准备

（1）一般将学生分为6组，每组9～12名学生。

（2）训练道具准备如表6-14所示。

表6-14 训练道具准备

序号	材料名称	数量	备注
1	西瓜球	5～10个	圆形球，直径25～30厘米，表面光滑
2	玻璃丝绳团	10卷	直径14厘米，高度8厘米，绳宽约2厘米，重约60克
3	球针、气筒	2套	用于给西瓜球充气
4	扑克牌	1副	用于抽签决定出场顺序

（3）场地准备

本训练适宜在户外平坦开阔的运动场或草地上进行，无风或有微风均可，雨雪天不宜开展本训练。

（二）训练规则及实施说明

（1）老师介绍训练过程及规则，训练过程及规则如下。

训练分为两步：第一步，全组学生在组长带领下用现有玻璃丝绳团（不能剪断）编织一张能颠球的网，由老师和各组督导组成评委，然后评委对各组分别评分（满分为50分）；第二步，全组学生一起牵拉绳网将西瓜球颠起来，训练过程中西瓜球不能落地或触碰任何一位参与训练的学生的身体，颠球个数最多的小组获得冠军，得到90分，第二名获得70分，第三名获得50分，第四名获得30分，第五名获得10分，第六名扣10分。

（2）第一步：编织绳网（时间35分钟）。

① 各小组依次领取1个玻璃丝绳团和1个西瓜球。

② 老师宣布纺织绳网的时间为35分钟，各小组商量对策并进行分工。

③ 各组管理和分配时间，进行绳网的编织，绳网是否打结、网眼大小等问题都由各组协商决定。

④ 各组完成绳网编织后可以进行颠球练习，若发现问题自行修正。

⑤ 35分钟结束时，各组停止各项活动。未完成绳网编织的小组扣10分，同时失去参加颠球的机会；完成绳网编织的小组依次向各位评委展示绳网并介绍绳网编织过程，评委对各组打分后并计算各组平均得分，计入积分榜。

（3）第二步：绳网颠球（时间约20分钟）。

① 各组抽签决定出场顺序，每组有3次颠球机会，最终计数取3次颠球个数的最大值。

② 第一组全体牵着绳网上场，老师作为裁判，判断颠球是否有效并计数，由2名其他组的同学进行视频监督并进行全程录像。

③ 老师要求其他组的成员与参与训练的小组保持一定安全距离（大于1.5米）。参与训练的小组组长在接到老师指令后，指挥全体组员开始颠球，一旦西瓜球落地或触碰任何一位组员的身体，计数结束。

④ 每组仅有3次颠球机会，取有效颠球个数的最大值，计入该组成绩。

⑤ 其他各组依次进行颠球训练，老师记录各队的成绩，并进行降序排名，第一名获得90分，第二名获得70分，第三名获得50分，第四名获得30分，第五名获得10分，第六名扣10分。

⑥ 训练结束后，各组将绳网解开，将玻璃丝缠成绳团交给老师。

（三）任务分配

各组任务分配表如表6-15所示。

表6-15　各组任务分配表

班级：　　　　　　　　　组号：　　　　　　　　　指导老师：

组长：　　　　　　　　　学号：

组员				任务分工
姓名	学号	姓名	学号	

4.2　训练体验

任务工作单1

（1）训练开始前你是否清楚织网颠球的训练步骤？请简述织网颠球的训练步骤。

（2）你是否清楚织网颠球的训练规则？请简述织网颠球的训练规则。

（3）你是否积极主动地参与这个训练？你有什么担心和顾虑呢？其他组员的参与积极性如何？

（4）训练开始前，你提出了什么建议？你的建议有没有被采纳？

4.3　感受记录

任务工作单 2

（1）在了解了训练规则之后，你所在小组是否商讨出了策略，是否制订了计划、明确了分工？你的感受如何？谁在小组中扮演指挥角色？你们商量制订了什么策略或计划呢？

（2）编织绳网时，你们是否执行了计划？你们遇到了什么麻烦，产生了什么矛盾和冲突，是如何解决的？

（3）你对训练成绩满意吗？你认为你所在小组的表现怎么样？组员之间是否相互配合？

（4）在训练中，你们遇到了哪些问题，你们是怎么解决的？你认为组长的领导力如何？训练过程中是否有新的领袖产生？你认为应如何提高组织能力？

4.4　感受分享

老师鼓励学生自愿发言，或挑选部分学生分享（学生应到讲台上发言），老师应肯定学生发言中积极的一面，引导学生思考、讨论，并根据发言的质量给学生加分。

若你有发言的灵感或想法，请将它记录在下面。

4.5 经验总结

| 任务工作单3 |

（1）结合自身的性格特点，对照自己在整个训练过程中的行为表现，你对自己有哪些认识和思考？你有哪些进步的表现？哪些方面表现得还不够好？你认为应如何增强自己的团队合作意识？

（2）在训练过程中，你觉得你所在小组时间管理的效率如何？你们有哪些浪费时间的行为？你有没有对自我进行时间管理，是否全身心地投入活动中？你认为应该如何充分利用时间，提高团队合作的效率？

（3）你认为绳网在人生中象征着什么？给绳网打结相当于人际交往中的什么行为？

（4）结合管理学的PDCA循环相关理论，你有什么启发？你在哪些方面存在不足？你认为应该如何提升团队合作的效果呢？

4.6 实践应用

| 任务工作单4 |

（1）请结合管理学、经济学原理思考，你所在小组可以采取哪些具体措施提高织网颠球的训练成绩。

（2）通过本次训练，你认为遵循哪些原则进行分工能提高团队合作效率？你认为应该如何提高团队合作能力，如何提高个人执行力或领导力？请遵循SMART原则制订可行的自我完善计划。请扫描右侧二维码完成实践作业。

实践作业

4.7　评价反馈

请扫描二维码获取评价工作单，完成评价任务。

| 个人自评表 | 小组内互评表 | 小组间互评表 | 老师评价表 |

任务5　团队合作训练：合力运水接力

合力运水接力赛是一项旨在锻炼团队协作能力、沟通技巧和身体素质的训练。该训练不仅富有趣味性，还能在轻松愉快的氛围中提升团队成员之间的默契与信任。

5.1　训练前的准备与规则说明

（一）训练前的准备

（1）一般将学生分为4～6组，每组9～12名学生。

（2）训练道具准备如表6-16所示。

表6-16　训练道具准备

序号	材料名称	数量	备注
1	绳子	4根	长度7～10米，直径1～1.5厘米
2	大塑料桶	5个	其中2个空桶放在终点，2个装满水的桶放在起点，1个装满水的桶放在起点备用
3	中塑料桶	1个	加水备用
4	小塑料桶	8个	提水用
5	鼓	2个	无
6	毛巾	8条	无

（3）场地准备

本训练为户外训练，可以在空旷的地面进行。本训练需要设计长约30米、宽约1.8～2米的S形弯，运水员需要从目的地出发，先后经过"蟒蛇区""地雷区""鳄鱼区"，到达水源地（类似圆形），运水员及运送运水员的几个团队成员不能踏入上述3个危险区域，两侧是安全区，取完水后需要原路返回，归途中也不能踏入上述3个区域。

（二）训练步骤及规则

（1）训练步骤如下。

① 准备时间为10分钟，6名学生做绳结，1名运水员手提2个空的小塑料桶，1名接水员在终点接水或替换运水员，另有1名临时防护员。不参与训练的小组分别在赛道两边加油。

② 裁判宣布训练开始并计时，运水员坐或躺在绳结上，然后用小塑料桶在起点的大塑料桶中盛水，由另外2人运送绳结上的运水员，接着运水至终点，接水员将水倒入空桶内，运水员、接水员互换，原路返回。

③ 每组运水时间为10分钟，5分钟结束后下一组接替；总运水时间为40～60分钟。

④ 每组运水时间还剩10秒时，裁判开始读秒："10、9、8……1，停！"

（2）训练规则如下。

① 总运水时间40～60分钟，各组以运送水的多少排名。

组员顺序为：第1位组员为男性，第2位组员为女性，第3位组员为男性，第4位组员为女性。若一轮接力完成后仍有时间，须按此男女顺序继续接力，直至时间结束。

② 提水、接水、运水必须由本组组员完成，非本组的组员不能提供任何协助。

③ 若运水员在运水时有任何部位接触地面，会失去比赛资格，此次运水无效，需回到起点，更换运水员。若有3名运水员退场则该组任务失败，下一组继续训练（前一组没有用完的运水时间不能累加到下一组使用）。

④ 老师应帮助裁判记录每组有效运水次数和每组退场的运水员人数。

（三）任务分配

各组任务分配表如表6-17所示。

表6-17　各组任务分配表

班级：　　　　　　　　　组号：　　　　　　　　　指导老师：

组长：　　　　　　　　　学号：

组员				任务分工
姓名	学号	姓名	学号	

5.2　训练体验

任务工作单1

（1）训练开始前你是否清楚合力运水接力的训练步骤？请简述合力运水接力的训练步骤。

（2）你是否清楚合力运水接力的训练规则？请简述合力运水接力的训练规则。

（3）你是否积极主动地参与这个训练？你有什么担心和顾虑呢？其他组员的参与积极性如何？

（4）训练开始前，你提出了什么建议？你的建议有没有被采纳？你的心情是怎样的？

5.3　感受记录

任务工作单2

（1）在了解训练规则之后，你所在小组是否商讨出了策略，是否制订了计划、明确了分工？你的感受如何？谁在小组中扮演指挥角色？你们商量制订了什么策略或计划呢？

（2）在训练过程中，你们是否执行了计划？你们遇到了什么麻烦，产生了什么矛盾和冲突，是如何解决的？

（3）你对训练成绩满意吗？你认为你所在小组的表现怎么样？组员之间是否相互配合？

（4）在训练中，你们遇到了哪些问题，你们是怎么解决的？你认为组长的领导力如何？训练过程中是否有新的领袖产生？你认为应如何提高组织能力？

5.4 感受分享

老师鼓励学生自愿发言，或挑选部分学生分享（学生应到讲台上发言），老师应肯定学生发言中积极的一面，引导学生思考、讨论，并根据发言的质量给学生加分。

若你有发言的灵感或想法，请将它记录在下面。

5.5 经验总结

| 任务工作单 3 |

（1）结合自身的性格特点，对照自己在整个训练过程中的行为表现，你对自己有哪些认识和思考？你有哪些进步的表现？哪些方面表现得还不够好？你认为应如何增强自己的团队合作意识？

（2）在训练过程中，你觉得你所在小组时间管理的效率如何？你们有哪些浪费时间的行为？你有没有对自我进行时间管理，是否全身心地投入活动中？你认为应该如何充分利用时间，提高团队合作的效率？

（3）结合管理学的PDCA循环相关理论，你有什么启发？你在哪些方面存在不足？你认为应该如何提升团队合作的效果呢？

5.6　实践应用

任务工作单 4

（1）请结合管理学、经济学原理思考：通过这个训练，你有哪些收获和成长；你认为小组有哪些进步和不足；这个训练对你未来在团队中的角色和责任有何启示。

（2）通过本次训练，你认为遵循哪些原则进行分工能提高团队合作效率？你认为应该如何提高团队合作能力，如何提高个人执行力或领导力？请遵循 SMART 原则制订可行的自我完善计划。请扫描右侧二维码完成实践作业。

实践作业

5.7　评价反馈

请扫描二维码获取评价工作单，完成评价任务。

| 个人自评表 | 小组内互评表 | 小组间互评表 | 老师评价表 |

课后任务

1.　每日三省吾身

每天睡觉前回想一下自己今天在团队合作方面的表现、思路和行为：哪些思路和行为体现了你的优点，使你感到开心或充实，或对你的职业发展有利？哪些思路和行为暴露了你的缺点，使你受到了挫折打击，或对职业发展不利？列出你的反思改进计划。

2.　实践应用效果评价

实践应用效果评价表如表6-18所示。

表6-18 实践应用效果评价表

实践应用计划概要	关键行动说明	执行起止时间	实际执行情况	效果反馈	监督人签名

执行人（签名）：　　　　　　　　　　　　评价时间：

07

模块七　目标设定与职业规划训练

在我们每个人的生活中，目标设定与职业规划都扮演着至关重要的角色。目标设定与职业规划不仅关乎我们的生活质量，更关乎我们的人生价值。在本模块中，我们将一起探索如何设定目标、如何做职业规划，以及如何将这两个方面有效结合起来，发挥个人的最大潜能。

首先，我们要明确目标的重要性。目标是我们的导航灯，它指引我们前进的方向，激发我们的动力，并帮助我们把握实现目标的进度。设定目标有助于我们明确自己的愿望，制订行动计划，并在实现目标的过程中保持专注和动力。

其次，职业规划是个人成长的重要组成部分。职业规划涉及选择适合我们的职业、了解职业市场，以及设定实现职业目标的策略。通过职业规划，我们可以更好地了解自己的优势和劣势，发现自己的兴趣和激情，从而找到适合自己的职业道路。

最后，我们将探讨如何将目标设定与职业规划有效地结合起来。设定目标并制订职业规划并不意味着一切都会自然而然地发生。我们需要不断地反思、调整和改进我们的计划。本模块将帮助我们理解如何遵循 SMART［Specific（具体）、Measurable（可衡量）、Attainable（可达成）、Realistic（现实性）、Time-bound（时限性）］原则设定目标，如何利用 SWOT［Strengths（优势）、Weaknesses（劣势）、Opportunities（机会）、Threats（威胁）］原则分析自己的优势和劣势，以及如何制订一个可持续的行动计划实现我们的目标。

目标设定与职业规划训练的目的不仅是帮助我们实现短期目标，更是帮助我们建立一个长期的个人发展计划。目标设定与职业规划训练能帮助我们理解自己的梦想，并在职业生涯中获得满足感和成就感。让我们一起开始这趟旅程，开启个人成长与发展的新篇章！

引导故事

哈佛大学做过一项历时 25 年的研究，研究者以哈佛大学的一群正值青春年少，智力、学历、面临的环境都相差无几的准毕业生为样本，跟踪研究了他们毕业后 25 年的人生经历，发现这群人前途迥异的关键因素并非出身，而是最初的人生目标。研究者在这群人即将离开校园时，对他们做了一次有关人生目标的调查，调查结果与现状对比如表 7-1 所示。

表 7-1　人生目标设立的调查结果与现状对比

最初的人生目标的设立情况	所占比例	25 年后的状态
有明确的长远目标	3%	社会各个领域的精英、领头羊
有清晰的短期目标	10%	各个领域的专业人士，拥有相对不错的社会资源
有目标但模糊不清	60%	归于平凡，在流水线上做一个普通的工人
没有目标	27%	生活状态很差，且习惯抱怨周围一切的人和事，很多人靠救济生活着

思考：
你认为案例中的人走向不同人生的原因是什么？你从这个案例中受到什么启发？

项目 14 │ 目标设定训练

学习目标

学习目标如表7-2所示。

表7-2　学习目标

学习目标	关键成果
1. 深入了解自己的兴趣、价值观、才能和潜力，形成清晰的自我画像 2. 能够设定明确、可衡量、可达成、有意义的人生和职业目标	1. 形成准确的自我评估报告 2. 明确个人目标，制作自己的梦想画板

学习任务

1. 任务描述

（1）抓球训练：在老师的指导下，进行目标设定练习，确保目标遵循SMART原则。

（2）绘制梦想画板：根据自身性格、职业倾向等实际情况，收集素材，设计和制作自己的梦想画板。

2. 任务分析

（1）重点

人生目标体系的设定，必须遵循SMART原则。

（2）难点

人生目标体系的设定过于庞大，可能有一定难度。

人生目标设立

3. 素质养成

（1）爱国情怀：激发学生的爱国情怀，增强学生的民族自豪感和历史使命感。

（2）社会责任感：引导学生明确自己的社会责任，树立为社会做贡献的意识，将个人理想与社会发展相结合。

（3）正确价值观：以中华优秀传统文化引导学生树立积极的人生观和价值观，使学生在追求个人理想的过程中，始终坚守道德底线、遵守法律法规。

▶ 课前任务

1. 大学生人生职业目标设定状态调查问卷

请扫描右侧二维码参与调查。

大学生人生职业目标
设定状态调查问卷

2. 阅读书籍和观看电影

（1）《秘密》；作者：朗达·拜恩；出版社：湖南文艺出版社；出版时间：2018年；ISBN：

978-7-5404-8617-4。

（2）《35岁前，搭建属于自己的舞台》；作者：文德；出版社：中国华侨出版社；出版时间：2018年；ISBN：978-7-5113-7115-7。

（3）电影《最贫穷的哈佛女孩》（又名《风雨哈佛路》）。

（4）电影《奇迹·笨小孩》。

3．思考答题

（1）请你在阅读完上述两本书后谈谈你的启发和感想。在你的生活、学习、社会实践中或今后的工作、创业中，你认为目标设定能发挥什么作用？

（2）请你在观看完电影后谈谈你的感想。

▶ 课中任务

任务1　设定目标与执行训练：抓球训练

抓球训练是一个关于目标设定与执行的拓展训练项目，旨在引导学生深入反思自己在决策、合作和应变等方面的问题，提炼出对人生目标设定有价值的经验。通过经验总结，学生可以更加明确自己在目标设定方面的优势与不足，为未来的目标设定提供更加清晰的方向和方法。

1.1　训练前的准备与规则说明

（一）训练前的准备

（1）一般将学生分为4～6组，每组8～12名学生，每组选出一名组长与一名督导。

（2）训练道具准备如表7-3所示。

表7-3　训练道具准备

序号	材料名称	数量	备注
1	乒乓球	50个	每球在编号数字1～5中分配1个编号（1号16个，2号13个，3号10个，4号7个，5号4个）
2	中号半透明塑料食品袋	1个	能容纳50个乒乓球
3	扑克牌	1副	用于抽签决定小组出场顺序
4	个人及小组评分表	4～6份	用于评定学生和小组表现

(3) 场地准备: 室内外均可。

(二) 训练规则及实施说明

(1) 用扑克牌抽签确定各小组出场顺序。

(2) 不同编号的乒乓球代表不同的分值, 每组成员先填写自己估计抓球值(等于所抓到的球的分值之和), 然后依次进行抓球(只能用一只手), 每人一次抓球机会, 可以抓多个球, 时间不超过10秒, 抓球完成后将球放回, 监督记录员(由其他小组的督导或组长担任)检查, 并将抓球值登记到小组积分表上。小组积分表如表7-4所示。

表7-4 抓球训练小组积分表

组号: 　　　　组名: 　　　　出场顺序: 　　　　日期:

出场顺序	组员姓名	估计抓球值	实际抓球值	差值绝对数
1				
2				
3				
4				
5				
6				
7				
8				
9				
10				
11				
12				
合计				

(3) 其他小组重复步骤(2)的操作, 监督记录员检查, 并将抓球值登记到小组积分表上, 直到所有小组都完成抓球训练。

(4) 评分标准如下。

D_i 表示小组成员估计抓球值与实际抓球值的差值的绝对数之和(越小越好)。

E_i 表示小组每个人实际抓球值之和(越大越好)。

根据计算结果填写表7-5。

表7-5 记录表

组号	组名	实际抓球总值 E_i	差值绝对数之和 D_i	排名
1				
2				
3				

续表

组号	组名	实际抓球总值E_i	差值绝对数之和D_i	排名
4				
5				
6				

第n组总评分$=E_n \div \max (E_i) \times 100 - D_n \div \max (D_i) \times 30$

统分示例如表7-6所示。

表7-6 统分示例

组号	组名	实际抓球总值	差值绝对数之和	总评分	排名
1	卓越	89	13	65.70	5
2	战狼	91	5	86.31	1
3	王者	85	3	84.48	2
4	金霖	83	6	75.40	4
5	天霸	93	8	81.54	3

（三）任务分配

各组任务分配表如表7-7所示。

表7-7 各组任务分配表

班级：　　　　　　　　组号：　　　　　　　　指导老师：

组长：　　　　　　　　学号：

组员				任务分工
姓名	学号	姓名	学号	

1.2 训练体验

| 任务工作单 1

(1)训练开始前你是否清楚抓球训练的操作步骤和得分规则?请简述抓球训练的操作步骤和得分规则。

(2)训练开始前你设定的目标是抓几个球,获得多少分?你实际抓了几个球,获得了多少分?

1.3 感受记录

| 任务工作单 2

(1)抽签前你认为你所在小组第几个出场比较有利?抽签完毕后,你感觉如何?你们制订了什么抓球策略或计划呢?

(2)你抓球时的心情是怎样的?你用了什么策略或方法提高成绩?

(3)抓球完毕后,你的成绩是多少,和你的目标成绩相差多少?你的感受是什么?

（4）其他组员抓球时你是什么心情？当你们全部完成抓球任务，你所在小组的成绩是多少？你对小组成绩和小组排名满意吗？为什么？你是否认为训练规则不公平？

（5）你觉得这个训练与人生目标设定有什么相似之处？

1.4　感受分享

老师鼓励学生自愿发言，或挑选部分学生分享（学生应到讲台上发言），老师应肯定学生发言中积极的一面，引导学生思考、讨论，并根据发言的质量给学生加分。

若你有发言的灵感或想法，请将它记录在下面。

1.5　经验总结

任务工作单 3

（1）你是如何决定先抓哪个球的？你抓球的目标设定是基于什么考虑的？

（2）在目标选择过程中，你是更注重目标的重要性还是紧迫性，抑或是可行性？

（3）当不得不放弃某些球时，你的心态是怎样的？你从中学到了哪些关于取舍和优先级排序的经验或教训？

（4）在训练过程中，你们是如何通过团队合作完成抓球任务的？你认为团队合作对目标达成有何重要意义？

（5）在训练过程中，你是否调整过你的策略？你的策略调整是基于什么考虑的？面对突发情况或不可预见的事件，你是如何应对的？

（6）你认为自己在这次训练中有哪些方面的成长？你认为自己在哪些环节表现得不够理想？通过这次训练，你有哪些关于人生目标设定的新认识？

1.6 实践应用

任务工作单 4

（1）你打算如何将这次训练的经验应用到未来的人生目标设定中？

（2）你认为自己在目标设定的哪些环节表现得不够理想？你打算如何改进？请遵循 SMART 原则制订可行的短期改善实施计划。请扫描右侧二维码完成实践作业。

实践作业

1.7 评价反馈

请扫描二维码获取评价工作单，完成评价任务。

| 个人自评表 | 小组内互评表 | 小组间互评表 | 老师评价表 |

任务2　人生目标可视化：绘制梦想画板

　　绘制梦想画板是一个室内拓展训练，是一个以创意表达和想象力为核心的训练，旨在帮助学生发掘内心的梦想。通过绘制和分享自己的梦想，学生可以增进自我认知、激发创造力和想象力，也能增进与其他学生的交流和理解。训练时间为1.5～2小时，训练环节包括梦想构建、梦想图片绘制和梦想文字编辑、分享与讨论等。

2.1　训练前的准备与规则说明

（一）训练前的准备

　　（1）一般将学生分为3～7组，每组5～8人为宜。

　　（2）训练道具准备如表7-8所示。

表7-8　训练道具准备

序号	材料名称	数量	备注
1	24色水彩笔/马克笔	4～8盒	每组一盒，老师备用一盒
2	A3卡纸	30～112张	每人2张
3	胶水	3～7瓶	每组1瓶
4	梦想画板示例	3~10份	往届学生优秀作品

　　（3）场地准备：选择宽敞、舒适的场地，以便学生有足够的空间进行绘制和交流。

（二）训练规则及实施说明

　　（1）准备阶段：每个学生领取一张空白的卡纸和绘画工具，如水彩笔或马克笔等，学生自己准备一张梦想图片。

　　（2）梦想构思：给学生一定的时间，让他们思考并确定自己心中的梦想。梦想可以是学历与学术成就、职业发展、家庭目标、财富收入、社交关系、身心健康、旅行、慈善与公益等相关的内容。

　　（3）绘制梦想画板：学生在画板上绘制出与自己梦想有关的图像，图像可以是一个场景、一个物体或者一个符号。学生应遵循SMART原则尽可能地将梦想表达清晰。

　　（4）分享与讨论：学生完成绘制后，轮流展示自己的作品，并分享梦想隐含的故事和意义。其他学生可以提问或表达自己的看法，以增进理解和交流。

　　（5）梦想计划：鼓励学生制订实现梦想的具体计划或行动步骤，激发他们将梦想转化为现实的动力。

（6）注意事项：

① 尊重隐私，在分享与讨论环节，确保其他学生尊重发言者的隐私，不泄露发言者的个人信息；

② 保持积极，鼓励学生保持积极的心态，对彼此的梦想给予正面的反馈；

③ 时间控制，主持人需控制好时间，确保每个学生都有足够的时间进行思考、绘制和分享；

④ 安全第一，使用绘画工具时要注意安全，避免误伤他人。

2.2 训练体验

任务工作单 1

（1）在准备阶段，当你领取了绘画工具，又看到自己准备的关于梦想的图片后，你计划怎样绘制你的梦想画板？

（2）在梦想构思环节，你设计的实现梦想的路径是怎样的？

（3）在绘制梦想画板的环节，你是怎样做的？

（4）在分享与讨论环节，你是如何向大家介绍你的梦想的？

（5）在制订实现梦想的具体计划或行动步骤时，你是怎样做的？

2.3　感受记录

任务工作单 2

（1）你在准备阶段看到自己准备的关于梦想的图片时的心情是怎样的?

（2）在梦想构思环节，你的心情是怎样的?

（3）在绘制梦想画板时，你的心情是怎样的?

（4）在分享你的梦想时，大家的反应是怎样的? 此时你的情绪有哪些变化?

（5）在制订实现梦想的具体计划或行动步骤时，你在想什么?

2.4　感受分享

老师鼓励学生自愿发言，或挑选部分学生分享（学生应到讲台上发言），老师应肯定学生发言中积极的一面，引导学生思考、讨论，并根据发言的质量给学生加分。

若你有发言的灵感或想法，请将它记录在下面。

2.5　经验总结

任务工作单 3

（1）你认为这个训练在哪些方面能帮助你理解人生目标设定的过程?

（2）在训练过程中，你是如何确定并调整你的人生目标的？你在训练中遇到的挑战是否反映了你在人生目标设定中可能面临的挑战？

（3）你在绘制梦想画板时，使用了哪些策略或方法？当面临决策时，你是如何权衡的？

（4）你是如何在画板上表达自己的创意和想法的？绘制梦想画板的过程对你在现实生活中追求和表达自己的梦想有何启发？

（5）在训练过程中，你有没有遇到想要放弃的时刻？你是如何坚持的？当发现初始的目标或计划不可行时，你是如何调整的？

（6）通过这次训练，你认为自己在哪些方面有所成长？你在人生目标设定和追求梦想方面有哪些新的认识？

2.6 实践应用

任务工作单 4

（1）你打算如何将训练中获得的经验应用到未来的人生目标设定中？

（2）在未来的人生道路上，你会如何坚持和追求自己的梦想？请遵循SMART原则制订可行的短期实施计划。请扫描右侧二维码完成实践作业。

实践作业

2.7　评价反馈

请扫描二维码获取评价工作单，完成评价任务。

| 个人自评表 | 小组内互评表 | 小组间互评表 | 老师评价表 |

课后任务

1. 实践应用记录

　　请你将梦想画板挂在你每天能看到的地方，早上出发前看一次梦想画板，确定当日行动计划，晚上睡觉前再看一次梦想画板，反思今天的行为是否有利于人生目标的达成。

2. 实践应用效果评价

实践应用效果评价表如表7-9所示。

表7-9　实践应用效果评价表

实践应用计划概要	关键行动说明	执行起止时间	实际执行情况	效果反馈	监督人签名

执行人（签名）：　　　　　　　　　评价时间：

项目 15 | 职业发展规划训练

学习目标

学习目标如表7-10所示。

表7-10　学习目标

学习目标	关键成果
1. 了解职业发展规划的重要性，并制订适合自己的职业发展规划 2. 分析自己的职业倾向、优势和劣势，了解市场需求和职业发展前景 3. 学习制订合理的职业发展目标和计划，包括短期和长期的职业目标，掌握实现目标的策略和方法 4. 培养积极进取的心态，提高职业规划能力，为实现职业目标打下基础	1. 清晰认知自己的职业倾向和优势，制订适合自己的10年职业发展规划 2. 设定合理的短期和长期职业目标，并制订实现目标的计划和步骤 3. 培养良好的职业心态和习惯，如积极进取、勇于尝试、善于沟通等

学习任务

1. 任务描述

（1）了解职业发展规划的基本概念，掌握制订职业发展规划的方法和技巧。

（2）结合自己的性格、职业倾向及优劣势，了解市场需求和职业发展前景，制订适合自己的10年职业发展规划。

（3）坚定理想并不断调整和完善职业发展规划，以适应市场变化和个人发展需要，提高未来在职场的竞争力。

2. 任务分析

（1）重点

基于自己的性格、职业倾向及优劣势分析制订适合自己的10年职业发展规划。

（2）难点

能分解执行10年职业发展规划中的职业发展目标，能统筹短期目标和长期目标。

职业发展规划的
理论与应用

3. 素质养成

（1）引导学生确定自己的职业倾向和优劣势，为制订职业发展规划奠定基础。

（2）引导学生制订合理的职业发展目标和计划，包括短期和长期的职业目标、计划。

（3）引导学生面对市场变化和个人发展需要，不断调整和完善职业发展规划，培养良好的应变能力和适应能力。

（4）以中华优秀传统文化引领学生树立积极的人生观和价值观。

🔘 课前任务

大学生职业规划意识与现状调查问卷

请扫描右侧二维码参与调查。

大学生职业规划意识
与现状调查问卷

🔘 课中任务

任务1　未来10年职业发展规划

未来10年职业发展规划是一个旨在帮助参与者思考和规划未来10年职业与生活发展的训练。通过训练，参与者反思自己当前的状态，设定未来目标，并制订实施计划。训练融合了角色扮演、团队合作与决策制定等元素，使参与者在轻松愉快的氛围中，提升自我认知，增强职业规划能力。通过未来10年职业发展规划训练，参与者不仅能够在轻松愉快的氛围中提升个人能力，还能在团队合作中增进彼此的了解与信任，为未来的职业与生活发展奠定坚实的基础。

1.1　训练前的准备与规则说明

（一）训练前的准备

（1）准备一间有多媒体设备的实训室（每位学生使用一台计算机）。

（2）学生平均分成5～6组，每组6～9人。

（3）准备5个以上未来10年职业发展规划的参考样例。

（4）准备"未来10年职业发展规划"电子表格。

（5）准备训练所需其他材料，如角色扮演卡、目标设定表、计划执行手册等。

（二）训练规则及实施说明

（1）老师进行简短的训练介绍和规则说明。

（2）每位学生独立地进行自我性格分析、职业倾向分析和SWOT分析。

（3）参考未来10年职业发展规划样例，进行人生定位并进行未来10年目标设定与（逐年）分解。

（4）分组讨论并制订未来10年的实施计划。

（5）各小组按照制订的计划进行模拟执行，期间可调整和优化计划。

（6）各小组成员向全体学生展示他们的成果。

（7）注意事项：

① 学生需积极参与讨论，尊重他人的意见；

② 训练过程中应保持良好的沟通与协作，共同解决问题；

③ 在设定目标和制订计划时，要充分考虑实际情况和可行性；

④ 执行计划时要灵活应变，根据实际情况进行调整。

1.2 训练体验

<table>
<tr><td></td><td>任务工作单1</td></tr>
</table>

（1）请写出你的自我性格分析、职业倾向分析和SWOT分析。

（2）请写出你的人生定位、未来10年目标设定与分解。

（3）请填写未来10年职业发展规划表，如表7-11所示。

表7-11 未来10年职业发展规划表

时间	学习与学历目标	职业发展目标	财务收入目标	家庭目标	生活目标	公益目标	设定目标的理由（动机）
第1年							
第2年							
第3年							
第4年							
第5年							
第6年							
第7年							
第8年							
第9年							
第10年							

1.3 感受记录

| 任务工作单 2 |

（1）在自我性格分析、职业倾向分析和SWOT分析时，你认为这个任务难吗？你在进行上述分析时的心情是怎样的？

（2）在人生定位和未来10年目标设定与分解阶段，你是怎么想的？你的情绪有哪些变化？

（3）在填写未来10年职业发展规划表时，你的心情是怎样的？你对实现自己的未来10年目标有没有信心？

（4）当你向小组成员分享未来10年职业发展规划时，大家的反应是怎样的？你的情绪有哪些变化？

（5）当你所在小组按照制订的计划进行模拟执行时，你发现了哪些问题？大家向你提了哪些建议？你的感受是怎样的？

1.4 感受分享

老师鼓励学生自愿发言，或挑选部分学生分享（学生应到讲台上发言），老师应肯定学生发言中积极的一面，引导学生思考、讨论，并根据发言的质量给学生加分。

若你有发言的灵感或想法，请将它记录在下面。

1.5　经验总结

任务工作单3

（1）你在训练开始时设定的未来10年目标是什么？这些目标与你的真实人生规划有何相似之处？

（2）在训练中你采取了哪些策略来达成你的目标？这些策略是否有效？你是如何调整策略以应对不同挑战的？

（3）在训练中遇到关键决策点时，你是如何权衡利弊并做出决定的？这些决策对你的训练结果有何影响？

（4）在训练中，你预测人生发展道路上可能遇到哪些风险？

（5）在训练过程中，你是否收到了来自其他同学或老师的反馈？你是如何利用这些反馈调整你的策略或目标的？

（6）在训练中，你是如何平衡长期目标和短期目标的？这对你的人生规划有何启示？

1.6　实践应用

| | 任务工作单 4 |

你在模拟执行未来10年职业发展规划的过程中遇到了哪些威胁和机会？请你借鉴经济学、管理学或市场营销学的理论调整和优化你的未来10年职业发展规划。请遵循 SMART 原则完善你的行动计划。请扫描右侧二维码完成实践作业。

实践作业

1.7　评价反馈

请扫描二维码获取评价工作单，完成评价任务。

个人自评表　　　小组内互评表　　　小组间互评表　　　老师评价表

任务2　坚定理想

坚定理想是一个团队合作与心理建设相结合的拓展训练。本训练中设有两关：意愿关和行动关。意愿关是宣讲自己的人生目标，行动关是完成规定的目标。本训练通过模拟现实生活中的挑战和决策情境，要求参与者勇敢地面对困难，坚守初心并追求自己的理想。训练目的是培养参与者在面对挑战时坚守理想的决心和毅力，增强个人与团队在逆境中的抗压能力和适应能力，帮助参与者更好地实现人生的理想和目标。

2.1　训练前的准备与规则说明

（一）训练前的准备

（1）准备一个宽敞的活动场地。

（2）准备高台、分贝测试仪等训练道具。

（3）将学生分成4～6个小组，每组人数相等。

（二）训练规则及实施说明

老师介绍训练背景、目的和规则，确保所有学生都清楚训练的规则。训练分为3个阶段：第1阶段，走自己的路；第2阶段，身心考验；第3阶段，战胜自我。

（1）第1阶段

① 清晰地表达自己的人生目标，合格者通过意愿关。表达方式："到×××时，我想成为×××（职业目标），实现×××（年收入或月收入目标），请允许我通过！"

老师允许后方可通过，通过标准：目标尽量符合SMART原则，具体如下。

Specific：目标必须尽可能具体，缩小范围。

Measurable：目标达到与否应尽可能有衡量标准和尺度。

Attainable：目标必须是通过努力可达到的。

Realistic：体现目标的现实性。

Time-bound：目标的完成必须有时间限制。

② 用任何不同于其他人的姿势走一段大于20米的路，与他人姿势相同者将被淘汰，通过者得1分。

（2）第2阶段

① 响亮地表达自己的人生目标，合格者通过意愿关。表达方式："到×××时，我想成为×××（职业目标），实现×××（年收入或月收入目标），请允许我通过！"

老师允许后方可通过，通过标准：声音足够响亮。

② 男生做俯卧撑20次以上，女生做深蹲40次以上。

通过者得2分，每增加10次俯卧撑或20次深蹲增加1分，通过后穿过人群，一边走一边大声喊出自己的目标，遇到困难要积极主动地沟通解决，直到到达终点。

（3）第3阶段

响亮、清晰、快速地表达自己的人生目标，合格者通过意愿关。表达方式："到×××时，我一定要成为×××（职业目标），实现×××（年收入或月收入目标），请允许我通过！"

通过标准：声音足够响亮。

老师和一名学生（梦想宣告者）登上高台，按高台信赖表（见表7-12）的顺序喊话，通过者得3分。

表7-12 高台信赖表

顺序	老师	梦想宣告者	所有学生
1	你是最棒的！（竖起拇指）	—	—
2	—	我是最棒的！（竖起拇指）	—
3	你有没有信心？（拍学生肩膀）	—	—
4	—	有！到×××时，我一定要成为×××（职业目标），实现×××（年收入或月收入目标）	—
5	—	—	（大声喊）我们……相信你！

2.2 训练体验

各组学生遵守训练规则，依次、主动积极地执行各训练步骤。

📠 | **任务工作单1**

（1）你表达的人生目标是什么？结合自身的性格特点，对照自己在整个训练过程中的行为表现，"走自己的路"阶段你是如何创新的？为什么要这样创新？

（2）在"身心考验"阶段，你的表现是怎样的？你在穿越人群时遇到了哪些难题？你是怎样沟通化解这些难题的？这些难题和实现人生理想过程中遇到的困难挫折相比如何？

（3）在"战胜自我"阶段，你能否以最大的声音表达自己的人生目标？你对自己站在高台上大声喊出人生目标时的表现有什么评价？

2.3 感受记录

📠 | **任务工作单2**

（1）在"走自己的路"阶段，你向大家说出你的人生目标时的感觉是怎样的？当你用不同于其他人的姿势走一段大于20米的路时，同学们是什么反应？你的心情是怎样的？

（2）在"身心考验"阶段，大声喊出你的人生目标时，你的心情如何？你做俯卧撑或深蹲时在想什么？当你穿越人群时，你的感受是怎样的？

（3）在"战胜自我"阶段，竭尽全力地喊出自己的人生目标时，你的感受是什么？当你站上高台，老师鼓励你，同学们说"我们相信你"时，你的心情是怎样的？

2.4　感受分享

老师鼓励学生自愿发言，或挑选部分学生分享（学生应到讲台上发言），老师应肯定学生发言中积极的一面，引导学生思考、讨论，并根据发言的质量给学生加分。

若你有发言的灵感或想法，请将它记录在下面。

2.5　经验总结

任务工作单 3

（1）在整个训练过程中，你觉得哪个阶段最具挑战性？为什么？

①在这个阶段中，你是如何克服困难的？其他学生给予了你哪些帮助？

②在哪些时刻你觉得自己的信念或决心受到了考验？你是如何坚定信念的？

（2）在整个小组中，你觉得哪个成员的表现最出色？为什么？通过这次训练，你觉得自己在哪些方面有所成长或改变？你认为团队合作对坚定和实现个人理想有何意义？

（3）你认为这个训练与你的日常生活或工作有哪些相似之处？通过这个训练，你对坚定理想有了哪些新的认识或理解？

2.6　实践应用

任务工作单 4

（1）你认为在训练中积累的经验应如何应用到现实生活中？

（2）在未来的日子里，你打算如何坚定自己的理想，并为之付出努力？请遵循 SMART 原则制订可行的实施计划。请扫描右侧二维码完成实践作业。

实践作业

2.7　评价反馈

请扫描二维码获取评价工作单，完成评价任务。

个人自评表　　小组内互评表　　小组间互评表　　老师评价表

课后任务

1. 实践应用记录

请记录你在践行自己的未来10年职业发展规划的过程中的里程碑及遇到困难挫折时的调整方法，以及你是否坚守了自己的目标和理想，你是怎样做的。

2. 实践应用效果评价

实践应用效果评价表如表7-13所示。

表7-13　实践应用效果评价表

实践应用计划概要	关键行动说明	执行起止时间	实际执行情况	效果反馈	监督人签名

续表

实践应用 计划概要	关键行动说明	执行起止时间	实际执行情况	效果反馈	监督人签名

执行人（签名）：　　　　　　　　评价时间：

实训总结报告

班级：_____组号：_____姓名：_____学号：_____

实训过程 回顾	出勤与课堂表现
	最难忘的项目
	最遗憾的项目

实训的成长 与收获	
自我评价 与打分	
对本课程 的建议	